数字化人才职场赋能系列丛书

零基础玩转Python

开课吧◎组编

欧岩亮 常 江 孙 逊 尹 霖 代帅林 杨 泽◎编著

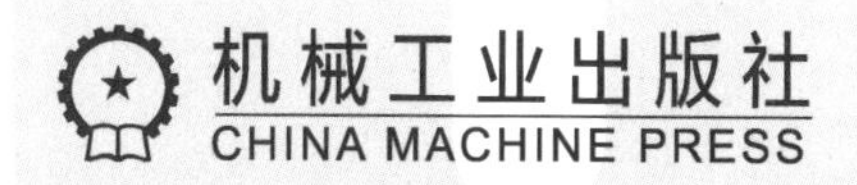

机械工业出版社
CHINA MACHINE PRESS

本书从实用角度出发，结合开课吧 Python 小课的学习内容，不仅介绍了 Python 语言的基础知识（包括常量、变量、函数、数据类型、选择结构、循环结构、面向对象等内容），还介绍了 Python 基础语法在实际问题中灵活运用的方法。每课的后面都有与该课内容结合的知识拓展，由例题与答案、解析和拓展三部分组成，以便指导读者更好地理解消化所学知识点。

本书每节课均配有主要知识点串讲视频和线上练习题，并可免费下载源代码资源文件。

本书是开课吧 Python 小课学员的学习辅助用书，也可以作为 Python 初学者的自学参考书。

图书在版编目（CIP）数据

零基础玩转 Python / 欧岩亮等编著. —北京：机械工业出版社，2020.8（2021.6 重印）
（数字化人才职场赋能系列丛书）
ISBN 978-7-111-66061-3

Ⅰ. ①零… Ⅱ. ①欧… Ⅲ. ①软件工具-程序设计 Ⅳ. ①TP311.561

中国版本图书馆 CIP 数据核字（2020）第 120369 号

机械工业出版社（北京市百万庄大街 22 号 邮政编码 100037）
策划编辑：孙 业 责任编辑：孙 业 李晓波
责任校对：张艳霞 责任印制：张 博
三河市国英印务有限公司印刷

2021 年 6 月第 1 版·第 3 次印刷
184mm×260mm·12.75 印张·310 千字
标准书号：ISBN 978-7-111-66061-3
定价：59.90 元

电话服务
客服电话：010-88361066
010-88379833
010-68326294

网络服务
机 工 官 网：www.cmpbook.com
机 工 官 博：weibo.com/cmp1952
金 书 网：www.golden-book.com
机工教育服务网：www.cmpedu.com

致数字化人才的一封信

如今，在全球范围内，数字化经济的爆发式增长带来了数字化人才需求量的急速上升。当前沿技术改变了商业逻辑时，企业与个人要想在新时代中保持竞争力，进行数字化转型不再是选择题，而是一道生存题。当然，数字化转型需要的不仅仅是技术人才，还需要能将设计思维、业务场景和ICT专业能力相结合的复合型人才，以及在垂直领域深度应用最新数字化技术的跨界人才。只有让全体人员在数字化技能上与时俱进，企业的数字化转型才能后继有力。

2020年对所有人来说注定是不平凡的一年，突如其来的新冠肺炎疫情席卷全球，对行业发展带来了极大冲击，在各方面异常艰难的形势下，AI、5G、大数据、物联网等前沿数字技术却为各行各业带来了颠覆性的变革。而企业的数字化变革不仅仅是对新技术的广泛应用，对企业未来的人才建设也提出了全新的挑战和要求，人才将成为组织数字化转型的决定性要素。与此同时，我们也可喜地看到，每一个身处时代变革中的人，都在加快步伐投入这场数字化转型升级的大潮，主动寻求更便捷的学习方式，努力更新知识结构，积极实现自我价值。

以开课吧为例，疫情期间学员的月均增长幅度达到300%，累计付费学员已超过400万。急速的学员增长一方面得益于国家对数字化人才发展的重视与政策扶持，另一方面源于疫情为在线教育发展按下的“加速键”。开课吧一直专注于前沿技术领域的人才培训，坚持课程内容“从产业中来到产业中去”，完全贴近行业实际发展，力求带动与反哺行业的原则与决心，也让自身抓住了这个时代机遇。

我们始终认为，教育是一种有温度的传递与唤醒，让每个人都能获得更好的职业成长的初心从未改变。这些年来，开课吧一直以最大限度地发挥教育资源的使用效率与规模效益为原则，在前沿技术培训领域持续深耕，并针对企业数字化转型中的不同需求细化了人才培养方案，即数字化领军人物培养解决方案、数字化专业人才培养解决方案、数字化应用人才培养方案。开课吧致力于在这个过程中积极为企业赋能，培养更多的数字化人才，并帮助更多人实现持续的职业提升、专业进阶。

希望阅读这封信的你，充分利用在线教育的优势，坚持对前沿知识的不断探索，紧跟数字化步伐，将终身学习贯穿于生活中的每一天。在人生的赛道上，我们有时会走弯路、会跌倒、会疲惫，但是只要还在路上，人生的代码就由我们自己来编写，只要在奔跑，就会一直矗立于浪尖！

希望追梦的你，能够在数字化时代的澎湃节奏中“乘风破浪”，我们每个平凡人的努力学习与奋斗，也将凝聚成国家发展的磅礴力量！

慧科集团创始人、董事长兼开课吧CEO　方业昌

前言

随着信息时代的到来，数字化经济革命的浪潮正在颠覆性地改变着人类的工作方式和生活方式。在数字化经济时代，从抓数字化管理人才、知识管理人才和复合型管理人才教育入手，加快培养知识经济人才队伍，可为企业发展和提高企业核心竞争能力提供强有力的人才保障。目前，数字化经济在全球经济增长中扮演着越来越重要的角色，以互联网、云计算、大数据、物联网、人工智能为代表的数字技术近几年发展迅猛，数字技术与传统产业的深度融合释放出巨大能量，成为引领经济发展的强劲动力。

Python是目前被广泛应用的一种编程语言，涉及的领域包括Web开发、网络爬虫、数据分析、人工智能、云计算等。在互联网、云计算、大数据等信息技术高速发展的时代，掌握一门像Python这样应用覆盖面广的编程语言，不管是对个人职业的发展还是思维的扩展都是很有必要的。通过本书的学习，读者可以夯实基础，更好地掌握Python知识。

《零基础玩转Python》由开课吧Python小课教研团队的老师编写，用以辅助Python小课学员学习。全书共19课，与小课课程一一对应，每课都包含知识点结构思维导图和多道练习题，并在该课知识点的基础上，衍生出与之相关联的编程知识。本书配合课程内容，利用PC端沉浸式学习+文字阅读学习+移动端学习的多维度学习方式，让学员可以更好地理解知识、掌握知识，让学习不再枯燥，充满趣味性。

本书在每课开始的部分都加入了思维导图，每张思维导图都与当前课程的教学内容相对应，以帮助学员掌握结构性知识，构建知识体系，回顾本课程学习内容。本书每节课都配有两个专属二维码，读者扫描后即可观看作者对于本课重要知识点的讲解视频和查看本课程练习题，在手机上书写代码。扫描下方的开课吧公众号二维码将获得与本书主题对应的课程观看资格及学习资料，同时可以参与其他活动，获得更多的学习课程。此外，本书配有源代码资源文件，读者可登录https://github.com/kaikeba免费下载使用。

本书每课的后面都配有结合当前课程的知识拓展内容，由例题与答案、解析、拓展三部分组成。其中，例题与答案部分由选择题和编程题组成，并且包含了在手机上要完成的题目；解析的内容可以有效地帮助读者解析题干和选项，分析错误答案；拓展部分是在题目内容的基础上，引申相关联知识点，达到举一反三的目的。

本书由欧岩亮、常江、孙逊、尹霖、代帅林、杨泽编写。感谢杨国俊、潘海超、梁勇、张植皓、朱建安、丁燕琳、杨乐、吴慧斌、李潇迪、王学习、胡一军、陈竟依、张红所做的提供代码资料、数据整理、调试等工作，使本节呈现的知识理论更丰富。

限于时间和作者水平，书中难免有不足之处，恳请读者批评指正。

编　者

目录

扫一扫观看串讲视频

扫码做练习

第1课
天下英雄出我辈

知识回顾

REVIEW THE KNOWLEDGE

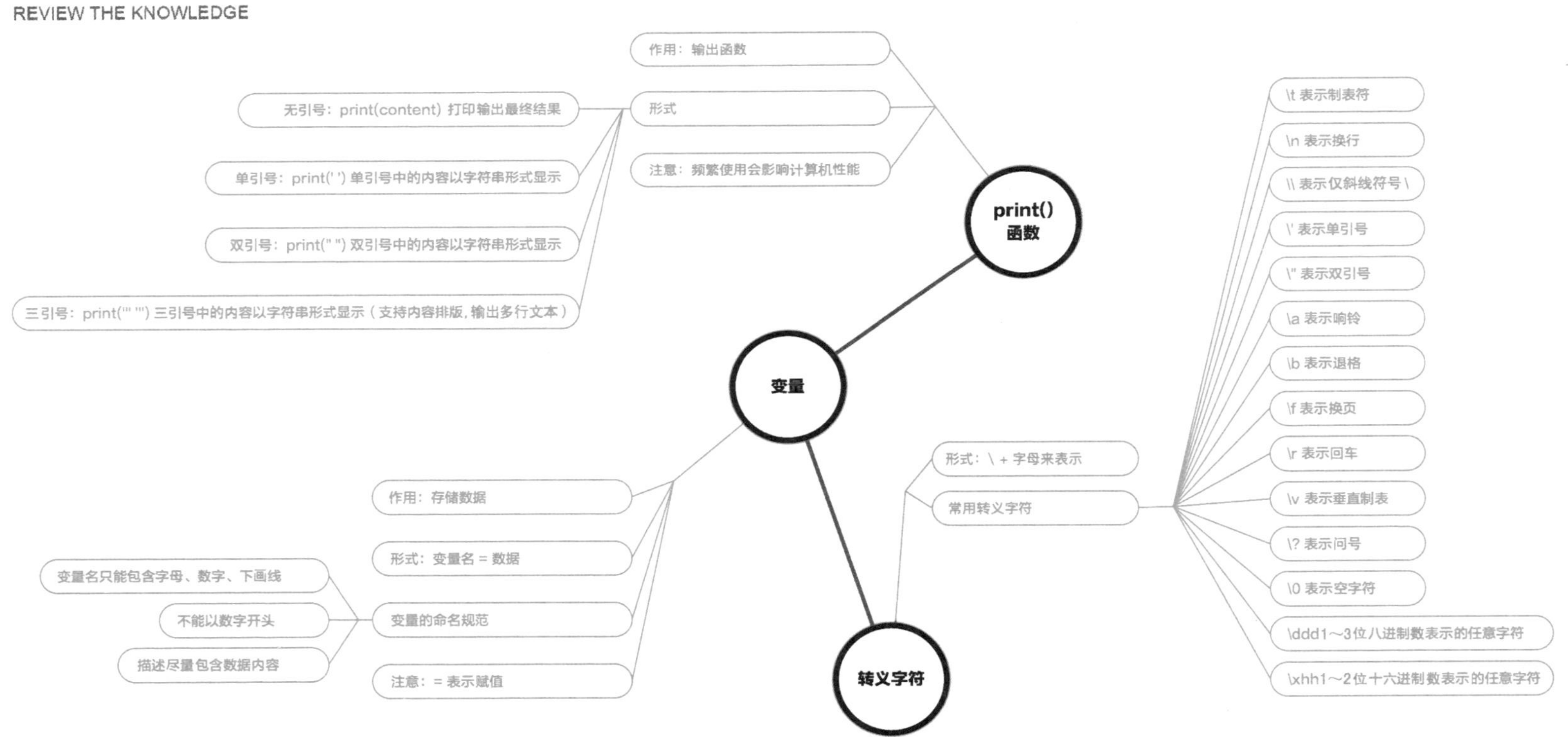

思维导图：print() 函数与变量

知识拓展

知识拓展 01

例题 1：以下哪个选项是变量？________

A. 20

B. 9.99

C. name = "zhangsan"

D. PI = 3.14159265359

答案：C

解析：

A 选项与 B 选项都是数字，D 选项虽与变量的形式很相似，但是由于变量中值的内容是圆周率 π，所以将它称为常量。

拓展：

所谓常量就是不能变的量，比如数学常数 π 就是一个常量。

在 Python 中，常量名通常用大写字母表示：

```
PI= 3.14159265359
```

事实上 PI 仍然是一个变量，Python 根本没有任何机制保证 PI 不会被改变，常量名通常用大写字母表示只是一个习惯上的用法。如果你一定要改变变量 PI 的值，也没人能拦住你。

知识拓展 02

例题 2：在 Python 中，下列命名错误的是哪个？________

A. _123

B. You-123

C. your_name

D. 123abc

答案：B、D

解析：

A 选项，_123 以下画线开头，虽然满足了变量命名要求，但其并不是一个好的变量名，不能表达数据的含义。

B 选项，You-123 的 You 与 123 之间使用了半字线-而不是下画线_，不满足变量命名要求。

C 选项，your_name 满足变量命名要求，your_name 形式是下画线命名法。

D 选项，123abc 以数字开头，不满足变量命名要求。

拓展：

下画线命名法使用下画线“_”将变量名中的英文单词隔开。

例如：my_app，your_message

知识拓展 03

例题 3：使用 print( ) 语句完成以下信息的显示。

```
==================================================
欢迎来到开课吧小课系统
1. 登录
2. 微信登录
3. 退出账号
==================================================
```

答案：

```
print("=" * 50)
print("\t 欢迎来到开课吧小课系统 \n 1. 登录 \n 2. 微信登录 \n 3. 退出账号 \n")
print("=" * 50)
```

解析：

需要使用 print( ) 函数完成该编程题，通过调用三个 print( ) 函数完成该效果。

第一行：完成整条等号线。

该效果虽然可以使用 print("==")语句完成，但该形式太累赘，不是合适的代码书写方式，所以放弃使用。

采用 print("=" * 50)形式完成该效果，=作为字符，* 50 会将该字符做相应的乘法运算，得到整行等号线。

第二行：完成相应内容。

该 print( )语句要将所有内容放在一起，需要使用相应的转义字符。“欢迎来到开课吧小课系统”需要在文字开始前使用相应的制表符\t。“1. 登录　2. 微信登录　3. 退出账号”三行内容需要进行相应的换行显示，所以在文字后使用换行符\n。

此效果完成的语句如下。

print(" \t 欢迎来到开课吧小课系统\n 1. 登录\n 2. 微信登录\n 3. 退出账号\n")；

第三行：完成整条等号线，等同于第一行语句的作用。

运行该三行代码，显示效果如下。

```
==================================================
欢迎来到开课吧小课系统
1. 登录
2. 微信登录
3. 退出账号
==================================================
```

拓展：

print(" = " * 50)语句中，" = " * 50 是字符串的乘法操作，也可以将此看成是 50 个字符=的相加，然后将相加的结果放到 print( )函数中进行输出。

知识练习

练习 1：以下代码片段最终显示的值为________。

```
x= 20
x= 100
x= 1000
print(x)
```

A. 20

B. 100

C. 1000

练习 2：下面不符合 Python 语言命名规则的是________。

A. daythly

B. 3dayTHLY

C. dayTHLY

练习 3：完成空格处代码，使之输出相应结果。

```
_______ = 123
print(name)
输出结果:123
```

练习 4：使用 print( ) 函数，打印输出如下效果。

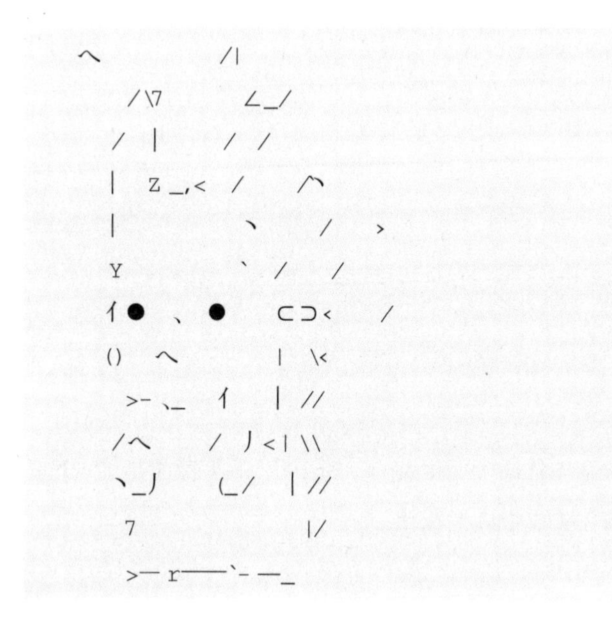

练习 5：编写代码交换变量 a 与变量 b 的值。

交换前：

a = 100

b = 1000

交换后：

a = 1000

b = 100

答案解析

练习 1 答案：C

变量的赋值操作中，后一次赋值内容会覆盖前面的赋值。代码中三次对变量 x 进行赋值，最后一次是 x=1000，所以选 C。

练习 2 答案：B

B 选项中，变量的命名以数字 3 开头，不满足 Python 语言的命名规范，即所有的变量和方法（函数）的命名需要以字母或者下画线开头。

练习 3 答案：name

输出的结果是 123，因其对应的输出语句是 print(name)，所以反推 name 的值为 123。空格处应为变量的名字，即 name。

整体代码如下。

```
name= 123
print(name)
```

练习 4 答案：

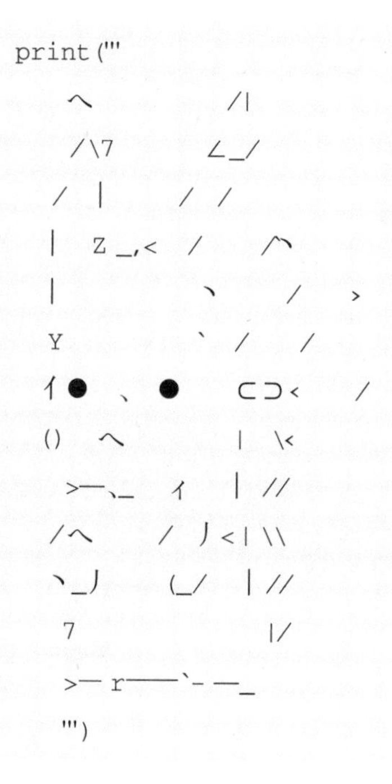

解析：使用 print()函数的三引号形式可以将三引号中的内容原样打印出来，三引号内容中存在的换行、空格都会原样显示。

练习 5 答案：

```
#交换前：
a= 100
b= 1000
print("-----交换前的结果-----\n")
print("a 的内容是:%d" % a)
print("b 的内容是:%d" % b)
#交换后：
```

```
c= a
a= b
b= c
print("\n-----交换后的结果-----\n")
print("a 的内容是:% d" % a)
print("b 的内容是:% d" % b)
```

解析：交换变量 a 与变量 b 的值，直接交换，会损失掉一个变量的数据，就如同要交换一杯可乐与一杯咖啡，只有两个杯子是无法实现的，需要引入第三个空杯子。此题解决思路如下。

c = a 将 a 的值 100 赋值给 c。

a = b 将 b 的值 1000 赋值给 a。

b = c 将 c 的值 100 赋值给 b。

经过交换后，a 等于 1000，b 等于 100。

扫一扫观看串讲视频

扫码做练习

第2课

美国队长的洞察计划

知识回顾

REVIEW THE KNOWLEDGE

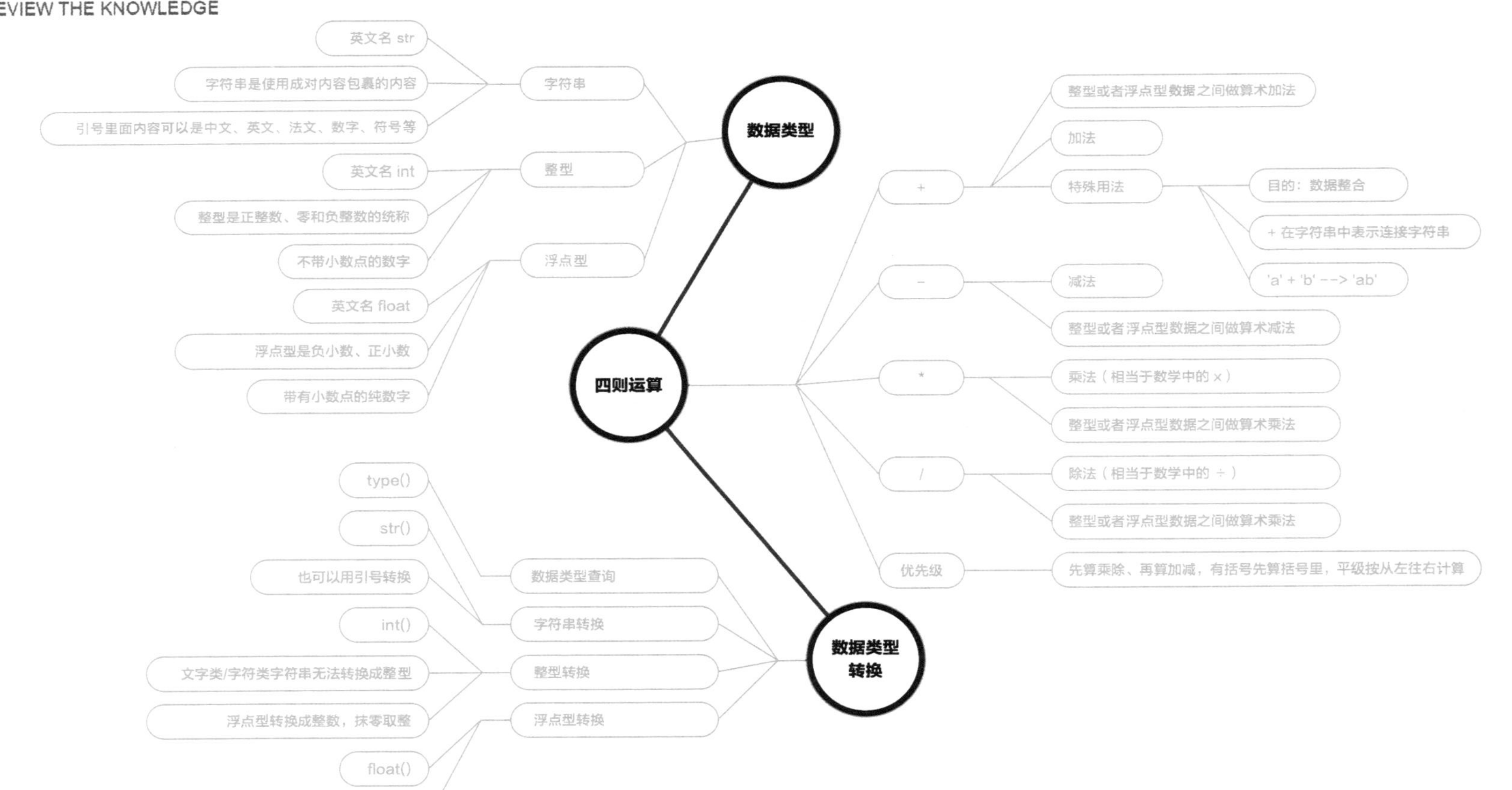

思维导图：数据类型及数据转换

知识拓展

知识拓展 01

例题 1：以下哪个选项不是 Python 的数据类型？________

A. int

B. float

C. double

D. bool

答案：C

解析：

A 选项 int 是整型数据。

B 选项 float 是浮点型数据。

C 选项 double，Python 中无此数据类型。

D 选项 bool 是 Python 中的布尔值类型。

拓展：

布尔值和布尔代数的表示完全一致，一个布尔值只有 True 或 False 两种值，要么是 True，要么是 False。

在 Python 中，可以直接用 True 或 False 表示布尔值（请注意大小写），True 代表真，False 代表假。

```
print("True is: ", True)
print("False is: ", False)
```

知识拓展 02

例题 2：代码 5 > 3 and 3 > 1 的结果是________。

A. 5

B. 3

C. False

D. True

答案：D

解析：

该运算为代码布尔值表达式的运算，以 and 为分割，5 > 3 是真的，结果为 True；3 > 1 是真的，结果为 True。

代码可以转换为 True and True，则整体结果就是 True。

因此选 D。

拓展：

True、False 表示布尔值，也可以通过布尔运算计算出来。

布尔值可以用 and、or 和 not 运算，and 运算是“与”运算，只有两边都为 True 时，运算结果才是 True。

```
print("True and True: ", True and True)
print("True and False: ", True and False)
print("False and False: ", False and False)
print("5 > 3 and 3 > 1: ", 5 > 3 and 3 > 1)
```

or 运算是“或”运算，两边只要有一个为 True，则运算结果就是 True。

```
print("True or True: ", True or True)
print("True or False: ", True or False)
print("False or False: ", False or False)
print("5 > 3 or 3 > 1: ", 5 > 3 or 3 > 1)
```

知识拓展 03

例题 3：编写 Python 代码，求 10÷3 的结果，整数部分是多少，余数部分是多少？输出结果如下。

10 ÷ 3 的结果：整数部分是 3，余数部分是 1

答案：

```
num= 10 //3
remainder= 10 % 3
print("10 ÷ 3 的结果:整数部分是 %d,余数部分是 %d" % (num, remainder))
```

解析：

完成该编程题需要求得 10 ÷ 3 的整数部分与余数部分，最后整体输出结果。

第一行：完成 10÷3 整数部分。

该效果可以使用 int(10 / 3)实现，先使用 10 / 3 求得相除后的商，对其取整得到整数 3。

考虑到执行效率问题，该方法效率比较低，这里使用 Python 中的取整除 10//3 来直接求得整数商为 3。

第二行：完成 10 ÷ 3 的余数部分。

该效果可以使用 10 - 3 * （int(10 / 3))实现，先将除数 3 * 整数商 int(10 / 3)，再用 10 去减，最终得到余数。

考虑到执行效率问题，该方法效率有些低，这里使用 Python 中的取余 10 % 3 来直接求得余数为 1。

第三行：完成结果输出。

要输出的结果为“10 ÷ 3 的结果：整数部分是 3，余数部分是 1”，输出结果中，除了 3 与 1 是求得的整数商和余数外，其余的部分都是用于描述结果的字符串文字，可以先写成“10 ÷ 3 的结果：整数部分是________，余数部分是________”的形式，再将整数商和余数代入。

整数商和余数作为变量放入字符串中，要正常显示变量的值，就需要在字符串中使用占位符%d。

在字符串的后面使用%(num，remainder)的形式将字符串中的%d 进行替换。

运行题目中的三行代码，显示如下。

10 ÷ 3 的结果：整数部分是 3，余数部分是 1

拓展：

除法//称为取整除，运算后两个整数的商仍然是整数，例 10 // 3 = 3。

余数运算 %可以得到两个整数相除的余数，例 10 % 3 = 1。

% 运算符就是用来格式化字符串的，在字符串内部，%s 表示用字符串替换，%d 表示用整数替换，有几个占位符，后面就跟几个变量或值，顺序要对应好。

如果只有一个占位符，括号可以省略。常见的占位符见表 2-1

表 2-1 常见的占位符

占位符	替换内容
%d	整数
%f	浮点数
%s	字符串
%x	十六进制整数

知识练习

练习 1：以下代码片段最终显示的值为________。

```
x= 20
y= 6
print(x //y, x % y)
```

A. 5 6

B. 3 2

C. 2 3

练习 2：代码 int(float('25. 3'))的结果是________。

A. 25

B. 报错

C. 0. 3

练习 3：代码 type(1 + 2 * float('3'))的结果是________。

A. str

B. int

C. float

练习 4：编写程序代码实现以下功能。

摄氏温度 C 和华氏温度 F 之间的换算关系为：

$$F=C\times1.8+32$$

$$C=(F-32)\div1.8$$

请使用 Python 代码将摄氏温度 36. 7 转成相应的华氏温度。输出结果如下。

您输入摄氏温度 36. 7℃，所对应的华氏温度是 98℉

练习 5：编写程序代码求得 x 与 y 的和、差、积、商、整数商、余数，并进行输出。

```
x= '17'
y= '3'
```

输出形式如下。

```
17与3的:
和是20,
差是14,
积是51,
商是5,
整数商是5,
余数是2.
```

答案解析

练习 1 答案：B

x // y 就是 20 // 6，取整除，结果为 3。

x % y 就是 20 % 6，取余数，结果为 2。

所以选择 B。

练习 2 答案：A

int(float('25. 3'))中 float('25. 3')将字符串'25. 3'转换成浮点数 25. 3，然后 int(25. 3)将浮点数 25. 3 取整，得到整数 25。

所以选择 A。

练习 3 答案：C

type(1 + 2 * float('3'))中 float('3')将字符串'3'转成浮点数 3. 0，2 * 3. 0 = 6. 0，1 + 6. 0 = 7. 0，结果类型为 float。

所以选择 C。

练习 4 答案：

```
temperature= "36.7"
f_temperature= float(temperature) * 1.8 + 32

print("您输入摄氏温度 % s℃,所对应的华氏温度是 % d℉" % (temperature, f_temperature))
```

解析：

计算华氏温度需要遵循公式 $F=C\times1.8+32$，在公式中 C 为摄氏温度且是浮点数，因此需要将字符串"36. 7"转换成相应的浮点数，float(temperature)。然后进行相应的运算 f_temperature = float(temperature) * 1. 8 + 32。

在输出结果时，需要构造“您输入摄氏温度 36. 7℃，所对应的华氏温度是 98℉”的语句，其中，36. 7 为 temperature 变量的值，98 为 f_temperature 的值。temperature 是字符串，使用%s 占位符，f_temperature 是浮点数，使用%d 占位符。

所以输出语句为：

print("您输入摄氏温度%s℃，所对应的华氏温度是%d℉" %(temperature，f_temperature))

练习 5 答案：

```
x= '17'
y= '3'
x= int(x)
y= int(y)
num1 = x+y  #和
num2 = x-y  #差
num3 = x*y  #积
num4 = x/y  #商
num5 = x//y #整数商
num6 = x%y  #余数
print("%d与%d的和是%d,\n差是%d,\n积是%d,\n商是%d,\n整数商是%d,\n余数是%d.\n" % (x, y, num1, num2, num3, num4, num5, num6))
```

解析:

第一步，获取到x = '17'与y = '3'，将x与y的数据类型转成整型，即x = int(x)，y = int(y)。

第二步，分别进行相应的运算。

第三步，进行格式化输出，构造"%d与%d的和是%d，\n差是%d，\n积是%d，\n商是%d，\n取整除是%d，\n余数是%d。\n" % (x, y, num1, num2, num3, num4, num5, num6)的语句。

扫一扫观看串讲视频

扫码做练习

第3课

X战警团队的选择

知识回顾

REVIEW THE KNOWLEDGE

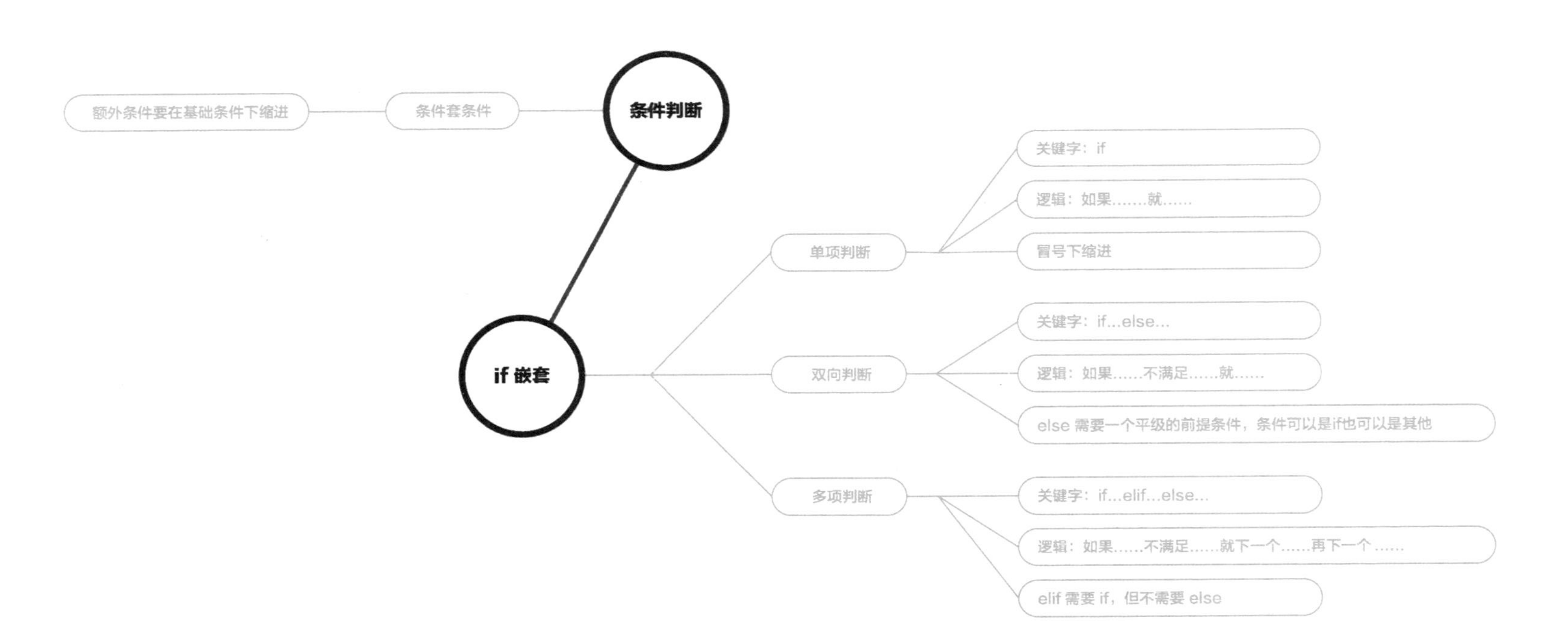

思维导图：分支语句

知识拓展

知识拓展 01

例题 1：如何表示判断变量 a 是否等于"KKB"？________

A. if a = "kkb"

B. if a == "kkb"

C. if a == "KKB"

D. if a =? "KKB"

答案：C

解析：

判断一个变量是否等于某个值，需要用双等号，所以排除了 A 和 D 选项；而 Python 语言对大小写是有区别的，所以应该选择 C。

拓展：

如果想用 B 选项的写法，可以用到字符串的一个方法 lower()，写成 if a.lower() == "kkb" 即可。这样不管 a 变量是"Kkb""KKb"还是"kkB"，都等同于是"kkb"。

这样更容易进行检验，不需要对不同大小写形式分别进行检验。

知识拓展 02

例题 2：判断下面程序的输出结果是________。

```
x= 10
y= 20
if not x <= 0:
    print(x * y)
else:
    print(x + y)
```

A. 20

B. 10

C. 200

D. 30

答案：C

解析：

首先给变量 x 与变量 y 分别赋值 10，20。

进入 if 条件判断语句，if 条件判断必须为真才能执行下面代码，否则执行 else 语句中的代码。

x <= 0 的条件 10 不满足，但由于是 not x <= 0（也就是相反），那么 x = 10 满足 not x <= 0 的条件，因此执行 print(x * y)，结果为 200。

拓展：

not 在 Python 中意为“非”。

not x，如果 x 为 True，返回 False；如果 x 为 False，返回 True。

知识拓展 03

例题 3：只使用一层 if…else 分支语句，判断是否可以结婚，规则如下。

男生年龄不小于 22 岁可以结婚。

女生年龄不小于 20 岁可以结婚。

定义变量 age 用来表示年龄，sex 用来表示性别，使用 Python 代码完成。

答案：

```
age= 19
sex= "woman"
if (age >= 22 and sex == "man") or (age >= 20 and sex == "woman"):
    print("可以结婚")
else:
    print("不可以结婚")
```

解析：

本题目用来判断是否可以结婚，结果只有两个，要么可以结婚，要么不可以结婚。

只能使用一层 if…else 完成该题，也就是需要将所有满足条件的可能性放在一起。

判断是否可以结婚的条件包含年龄与性别。

男生可以结婚的条件写成：age >= 22 and sex == "man"；女生结婚的条件写成：age >= 20 and sex == "woman"。

需要在 if 语句下判断两个条件，使用 or 进行连接，为了避免逻辑运算混乱，给每个条件加上括号，代码如下。

```
(age >= 22 and sex == "man") or (age >=20 and sex == "woman").
```

拓展：

在 Python 中运算符是有优先级的，无论是算术运算符，还是逻辑运算符。

运算符优先级如下。

- 优先级 1：*、/、//、%（乘、除、取整除、取余）。
- 优先级 2：+、-（加、减）。
- 优先级 3：>、<、>=、<=、==（比较运算符）。
- 优先级 4：and、or、not（逻辑运算符）。

知识练习

练习 1： 以下代码片段运行结果为________。

```
a= 10
b= "kaikeba"
if a == 826:
    print("a is 826")
    if b == "kaikeba":
        print("and b is kaikeba")
```

A. and b is xiaokai

B. a is 826 and b is kaikeba

C. and b is kaikeba

D. 无返回内容

练习 2： 下面程序执行完的结果是什么？________

```
age= 3
if age >= 18:
    print('your age is', age)
    print('adult')
else:
```

```
print('your age is', age)
print('teenager')
```

A. your age is age

adult

B. your age is 3

C. your age is 3

adult

your age is 3

teenager

D. your age is 3

teenager

练习3：阅读下面判断我国季节的Python程序，找出bug，并选择正确的修改选项？这个判断我国季度的程序在投入使用后，发现一个bug，当输入负数时，也能返回“这是在春季。”的结果，代码如下。

```
if month <= 3:
    print("这是在春季。")
elif month <= 6:
    print("这是在夏季。")
elif month <= 9:
    print("这是在秋季。")
elif month <= 12:
    print("这是在冬季。")
```

A. 修改方式为：

```
if month <= 3 and month > 0:
    print("这是在春季。")
elif month <= 6:
    print("这是在夏季。")
elif month <= 9:
    print("这是在秋季。")
elif month <= 12:
    print("这是在冬季。")
```

B. 修改方式为：

```
if month <= 3 or month > 0:
    print("这是在春季。")
elif month <= 6:
    print("这是在夏季。")
elif month <= 9:
    print("这是在秋季。")
elif month <= 12:
    print("这是在冬季。")
```

练习 4：请用 Python 程序来判断今天是工作日还是周末，具体要求如下。

变量 day 用来存放今天是周几的数字。

day 的结果只能是 1~7 的数字。

如果 day 的变量不是 1~7 的数字，则返回“一周只有 7 天”。

练习 5：用简单的语句编写一个程序，检查变量是否在 1~10 范围。

答案解析

练习 1 答案：D

首先将 a 赋值为 10，b 赋值为 kaikeba。

判断流程是：如果 a 是 826，会打印 a is 826，接着再判断 b 是否为 kaikeba；如果 a 不是 826，那么会直接结束程序，不会再对 b 做判断，流程图如下。

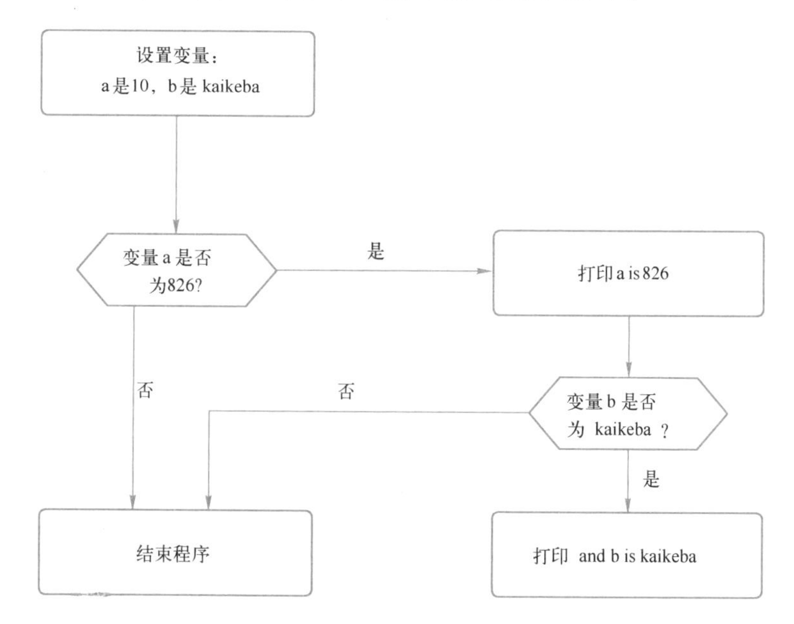

练习 2 答案：D

首先将变量 age 赋值为 3，由于 3 不满足 if 语句中的条件，所以程序不会执行 if 分支中的语句，而会执行 else 分支中的语句。

print( ) 中的 age 也会指向 3，所以打印出来的结果是 your age is 3，然后再打印 teenager。

另：在 if 分支语句中，如果满足了条件，Python 将不会再执行后面的 else 语句。

练习 3 答案：A

and 是与关系，需要两边同时满足条件才能判断正确，才能符合要求程序场景；or 是或关系，两边只要满足其中一个就会判断正确，不符合要求的程序场景。

练习 4 答案：

```
day = 1
if day >= 1 and day <= 5:
    print("工作日")
elif day <= 7:
    print("周末")
else:
    print("一周只有 7 天")
```

注意：

当程序判断出变量不满足大于等于 1 且小于等于 5 时，就已经是默认了这个变量是大于 5 的，不需要重复写入下一个判断。

练习 5 答案：

写法一：

```
Num = 8
if Num <= 10:
    if Num >= 1:
        print("符合")
    else:
        print("不符合")
else:
    print("不符合")
```

写法二：

```
Num = 8
if Num <= 10 and Num >= 1:
```

```
    print("符合")
else:
    print("不符合")
```

解析：

从上面可以看出，写法二会更简单一些。接下来看一下这两个程序的流程图，想一想写法二简化了哪里。

写法一流程图：

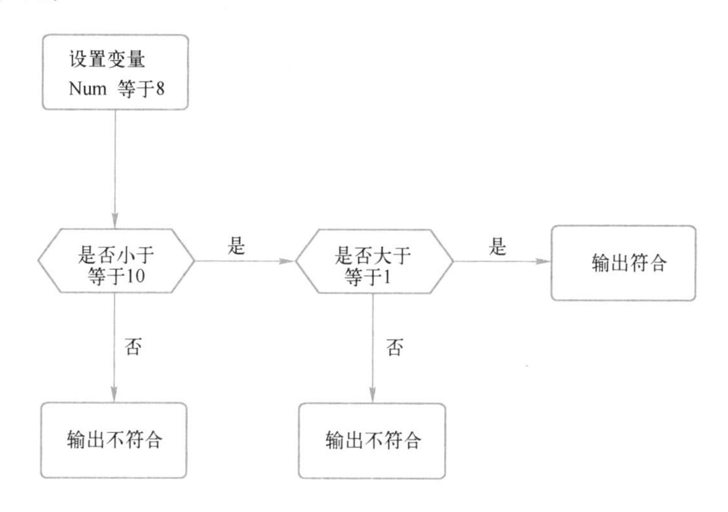

写法二流程图：

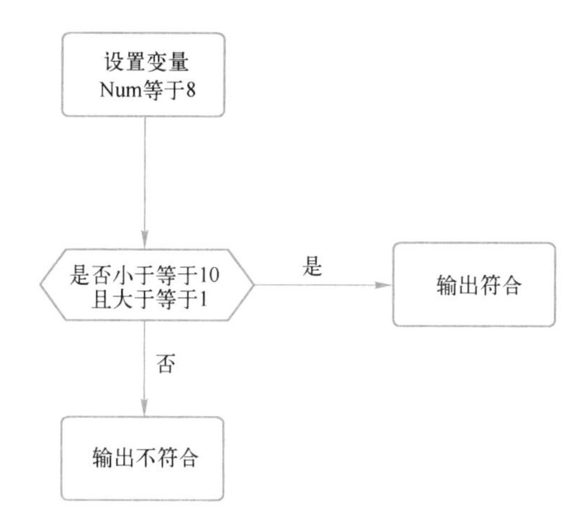

扫一扫观看串讲视频

扫码做练习

第4课

天启的战书

知识回顾

REVIEW THE KNOWLEDGE

- 函数使用
  - 作用：提供输入框输入内容
  - 形式
    - input() 只提供输入框，无提示内容
    - input(1) 输入框前有数值 1
    - input("姓名：") 输入框前有字符串“姓名：”
    - input("第一行\n第二行\n第三行") 输入框前将引号中的内容换行展示
  - 函数赋值
    - 作用：存储数据
    - 形式：变量名 = 输入框输入的数据值
    - 变量的命名规范
      - 变量名只能包含字母、数字、下画线且不能以数字开头
      - 不能与特殊关键字重复，例如：if、 else 等
    - 注意：= 表示“赋值”
- 强制转换
  - 作用：转换输入值数据类型
  - 形式
    - 转换为字符串：str(input())
    - 转换为整型：int(input())
    - 转换为浮点型：float(input())
  - 数据类型
    - 查看输入值类型：type(input())
    - 查看已转换输入值类型：type(int(input()))
  - 注意点
    - input() 输入框默认输入内容为字符串类型
- 易错点
  - 1–输入问题
    - 频繁单击运行会导致程序卡死
    - input() 输入框未输入内容程序会持续等待用户输入
    - 输入框输入内容后按 <Enter> 键，使程序继续运行 input() 后面的代码内容
  - 2–类型转换
    - int()，float() 转换输入框数值类型时，不支持字母、汉字、特殊字符等

思维导图：input() 函数

知识拓展

知识拓展 01

例题 1：以下选项对 input( )解释错误的是________。

A. input( )是指输入内容

B. input( )是指输出内容

C. 需要在 input( )输入框中输入内容，按〈Enter〉键完成程序运行

D. 执行 input( )语句输入内容可以是整型和字符串类型

答案：B

解析：

Python 语言中，print( )是打印输出函数，input( )是输入函数。

拓展：

当执行以下代码时，必须完成输入框输入内容并按〈Enter〉键，才能执行下一个 print( )函数。

执行 input( )函数时，程序处于运行中，这时如果再次单击运行，就有可能造成程序卡死。

```
print("你好?")
a= input("你是谁:")
print("我是邻居老王")
```

知识拓展 02

例题 2：观察以下程序，判断哪个选项的说法是对的？________

```
a= 2
b= int(input("请输入整数:"))
print("计算相乘结果:", a + b)
```

A. 输入 2 结果为：4

B. 输入 4 结果为：24

C. 输入'2'结果为：2

D. 程序报错

答案： A

解析：

input( )输入框默认输入内容为字符串类型，使用 int( )函数进行强制转换为整型。

整型使用 + 运算符会进行相加运算，字符串类型使用 + 运算符会进行字符串连接。

A 选项，输入 2，即 b 的值为 2，类型为整型，结果为 2 + 2 = 4，正确。

B 选项，输入 4，即 b 的值为 4，类型为整型，结果为 2 + 4 = 6，错误。

C 选项，输入'2'，int( )将字符串'2'转换成整型的 2，结果是 2 + 2 = 4，错误。

D 选项，错误。

拓展：

在 Python 程序中，input( )输入框输入值默认是字符串类型，可以使用 int( )、float( )转换。

```
# 输入手机号 18201012345,变量 phone_num_a 的类型为字符串类型
phone_num_a= input('请输入你的手机号')
print('type:', type(phone_num_a),' value:', phone_num_a)
# 进行强制转换时,使用 int(input())
phone_num_b= int(input('请输入你的手机号'))
print('type:', type(phone_num_b),' value:',  phone_num_b)
# 同理转换成浮点型用 float(input())
phone_num_c= float(input('请输入你的手机号'))
print('type:', type(phone_num_c),' value:',  phone_num_c)
# 上面的写法是,在 input()完成时,立即进行数据类型的强制转换,
# 也可以先获取原始字符串数据,再进行数据类型转换,例如:
phone_num_d= input('请输入你的手机号')
print(int(phone_num_d))
```

知识拓展 03

例题 3：请使用 Python 完成验证码的输入验证操作。

要求：系统验证码为 xYq3，用户需要输入验证码与系统验证码进行比对。

验证通过返回“「验证通过」”，验证不通过返回“「验证失败」”，验证码不区分大小写。

答案：

```
input_code= input("请输入验证码")
code= "xYq3"
if code.upper() == input_code.upper():
    print("「验证通过」")
else:
    print("「验证失败」")
```

解析：

要想完成此题，需要对用户输入的验证码与系统验证码进行比对。

由于要求验证码不区分大小写，在验证时，需要将系统验证码与用户输入的验证码进行大小写统一。

此题目将系统验证码与用户输入的验证码都转变为大写形式进行比对。只要转变后的字符相同，即可完成比对。

拓展：

upper( )函数用于将字符串中的所有小写字母转换为大写字母，字符串中的数字不受影响，该函数只对字母起作用。

知识练习

练习1：将输入的字符串转换为浮点型，正确的语句是________。

A. int(input( ))

B. float(input( ))

C. str(input( ))

D. floa(input( ))

练习2：对input( )解释正确的是________。

A. input( )是指输入内容，print( )指输出内容

B. input( )不输入内容并按〈Enter〉键，程序会保持持续运行

C. int(input( ))能够将所有输入的数据转换成整型

练习3：代码type(input("请输入数值"))中，在input( )输入框输入数值123输出的内容是________。

A. str

B. int

C. float

D. 异常报错

练习 4：完成一个用户验证程序，具体要求如下。

请用户输入用户名与密码，只有用户名为 abc、密码为数字 666 时，才能通过验证，并显示“欢迎来到开课吧！”；否则显示“您输入的账号或密码错误。”

练习 5：编程实现：从键盘输入一个整数，判断该数字能否满足以下条件，并输出相应信息。

能否被 2 和 3 同时整除。

能否被 2 整除。

能否被 3 整除。

既不能被 2 也不能被 3 整除。

答案解析

练习 1 答案：B

A 选项 int(input())将输入数据转换为整型。

C 选项 str(input())将输入数据转换为字符串类型。

D 选项 floa(input())单词有误，是 float 而不是 floa。

练习 2 答案：A、B

C 选项 int(input())只能对输入的数字起作用，对英文、特殊字符不起作用。

练习 3 答案：A

input()输入框默认输入字符串类型，如果不进行强制转换，则 type()返回值为 str。

练习 4 答案：

```
name= input("请输入用户名")
pwd= int(input("请输入密码"))
if name == "abc" and pwd == 666:
    print("欢迎来到开课吧!")
else:
    print("您输入的账号或密码错误。")
```

解析：

第一步需要获取用户输入的用户名和密码，即 name = input("请输入用户名")，pwd = int(input("请输入密码"))，并将用户输入的密码进行取整操作。

第二步进行相应的判断，完成判断条件 name == "abc" and pwd == 666。

第三步套用 if...else... 语句格式，完成代码。

练习 5 答案：

```
num= int(input("请输入一个整型数字:"))

# 分四种条件判断,输出不同结果
# A == B 逻辑运算,用于判断 A 是否和 B 完全相等(= 是赋值符号,注意不要用错)
# A and B 代表 A 和 B 是否都成立,都成立则整体表达式成立

if num % 2 == 0 and num % 3 == 0:
    print(str(num) + " 既可以被 2 整除又可以被 3 整除")

# !=代表不等于,注意是英文符号
elif num % 2 == 0 and num % 3 != 0:
    print(str(num) + " 可以被 2 整除但不能被 3 整除")

elif num % 2 != 0 and num % 3 == 0:
    print(str(num) + " 可以被 3 整除但不能被 2 整除")

else:
    print(str(num) + " 既不能被 2 整除也不能被 3 整除")
```

解析：

此题分三步走。

第一步，接收用户输入的数据，input()获取默认类型为字符串的数据，然后需要用 int()强制转换为整型。

第二步，完成判断条件，在此题中需要判断该数字属于以下哪种情况。

1）被 2 和 3 同时整除。

2）被 2 整除。

3）被 3 整除。

4）既不能被 2 也不能被 3 整除。

需要三个条件判断语句来判断是否满足前三种情况，如果前三种情况都不满足，那么进入最后一种情况的 else 代码块。

1）判断 n 能否被 2 和 3 同时整除。

```
if n % 2 == 0 and n % 3 == 0:
```

A % B == 0 是指 A 对 B 求余，判断余数是否为 0，如果余数为 0，那么 A 能整除 B。例如 4 % 2 余数为 0，则 4 能整除 2。

A and B 是指是否同时满足 条件 A 和 条件 B，n % 2 和 n % 3 同时成立就意味着 n 能同时整除 2 和 3。

2）可以被 2 整除但不能被 3 整除。

```
elif n % 2 == 0 and n % 3 != 0:
```

3）可以被 3 整除但不能被 2 整除。

```
elif n % 2 != 0 and n % 3 == 0:
```

A != B 是指 A 不等于 B。

4）既不能被 2 整除也不能被 3 整除，即除以上三种情况的其他情况。

```
else:
```

第三步，套用 if... elif... else... 语句，完成该题目，流程图如下。

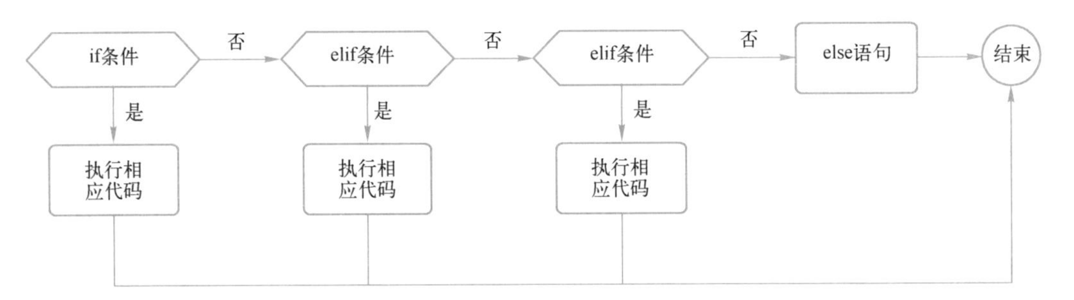

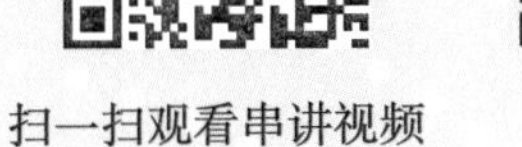

扫一扫观看串讲视频　　扫码做练习

第5课

变形金刚战队

知识回顾

REVIEW THE KNOWLEDGE

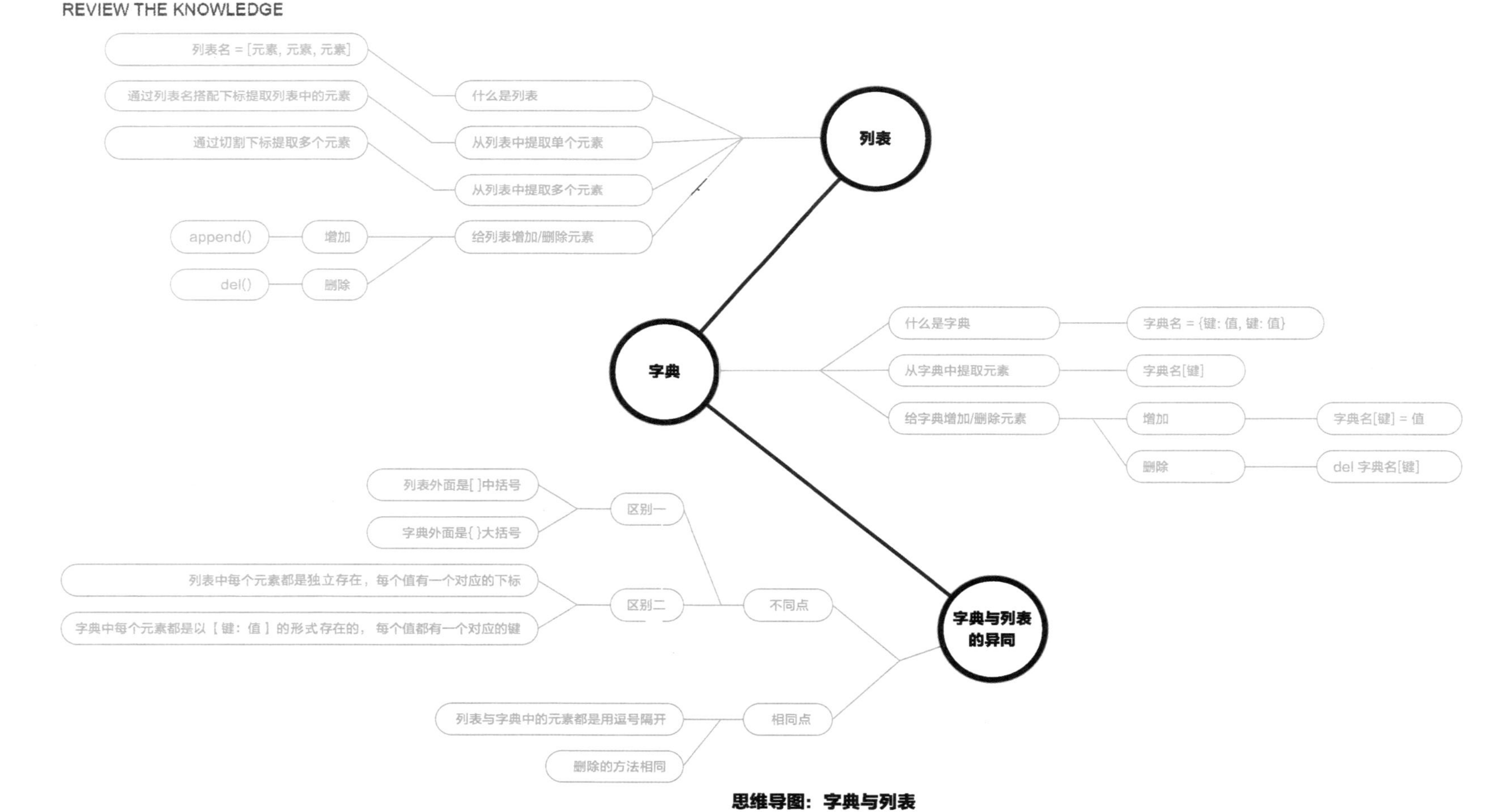

思维导图：字典与列表

知识拓展

知识拓展 01

例题 1： list = ['chaoyang', 'tongzhou', 18, 1995]，则 list [0：-1]的结果为________。

A. [ ]

B. ['chaoyang', 'tongzhou', 18]

C. ['chaoyang', 'tongzhou', 18, 1995]

D. [1995]

答案： B

解析：

本题重点是 -1 代表的位置。

取单个数据的情况：

如果要取最后一个元素，可以用-1 作索引，直接获取最后一个元素，本题目中 list[-1]对应 1995。以此类推，获取倒数第二个数据，可以用 -2 作索引，本题目中 list[-2]对应 18。

取一个区间的数据的情况：

冒号左边的数字对应的是从左边第几个元素开始取；冒号右边的数字对应的是取到右面第几个元素为止。

这时，索引 0 对应第一个元素，它的值是 chaoyang，而索引 -1 对应从最后往回数一个元素（不包含最后一个元素），它的值就是 18。

list[0：-1]代表的就是从第一个元素开始取到倒数第二个元素为止。

因而结果为 B 选项。

拓展：

列表提取元素，可以顺序提取，也可以倒序提取。

在列表中，list[-1]就是用来获取最后一个元素的。

同理，list[-2]可以获得倒数第二个元素。

如下例中，list[-1]结果为 1987；list[-2]结果为 xiaoyang。

```
list = ['xiaowang','xiaoli','xiaoyang',1987]
list[-1]    #1987
list[-2]    #xiaoyang
```

知识拓展 02

例题 2：阅读下面的程序，选择正确的输出结果。________

```
name = ['张三', '李四', '王五', '刘六', '常七', '朱八', '丁九']
name[6: 2: -2]
```

A. ['丁九', '常七']

B. ['王五', '常七', '丁九']

C. ['王五', '常七']

D. [ ]

答案：A

解析：

根据规则，list[m：n：p]表示要从索引为 m 的元素开始，以 p 为步长取数据，取到索引为 n 的元素为止，但不包括索引为 n 的元素。

本题目中，name[6：2：-2]表示要从索引为 6 的元素开始，倒序以 -2 为步长取数据，取到索引为 2 的元素为止，但不包括索引为 2 的元素。

因此，索引为 6 的“丁九”可以取到，接着是索引为 4 的“常七”，然后终止获取其余的元素。

故选 A。

拓展：

切片的用法：数据 [起始下标：结束下标：步长]，如果步长不写，默认为 1。

步长为 2 时，每隔 2 个元素才取出一个来。

如果步长为负数，比如 -1，则 name[::-1]相当于复制一个反转的列表，如下例。

```
list = ['xiaowang','xiaoli','xiaoyang','xiaozhang','xiaosong']
list[::-1]
```

在以上结果中，当索引超出范围时，默认是从最后一个元素开始获取，因而下列两种结果一样，均为['xiaosong', 'xiaoyang']：

```
list = ['xiaowang','xiaoli','xiaoyang','xiaozhang','xiaosong']
list[4:1:-2]
list[100:1:-2]
```

知识拓展 03

例题 3：编写 Python 程序，完成如下操作。

1）将英语成绩为 90、数学成绩为 89、语文成绩为 70 传入字典。

2）查看键值对的个数。

3）查看是语文成绩是多少。

4）增加一门课程的成绩，历史成绩为 69。

5）查看物理成绩是多少。

6）查看成绩数据字典中的所有键（keys）。

7）查看成绩数据字典中的所有值（values）。

答案：

```
#1）将英语成绩为 90、数学成绩为 89、语文成绩为 70 传入字典
score= {"英语": 90,
        "数学": 89,
        "语文": 70}

#2）查看键值对的个数
print(len(score))

#3）查看是语文成绩是多少
print(score['语文'])

#4）增加一门课程的成绩,历史成绩为 69
score['历史'] = 69

#5）查看物理成绩是多少
print(score.get('物理'))

#6）查看成绩数据字典中的所有键(keys)
print(list(score.keys()))

#7）查看成绩数据字典中的所有值(values)
print(list(score.values()))
```

解析：

在以上程序中，重点是如何使用字典的几种常用函数，其中包括字典定义函数、查看键值对函数、增加元素函数等。

拓展：

根据键来获取值常用的方法为“字典［键］”（dict[key]），但是当访问字典中并不存在的值时，这种方法就会引发 KeyError 错误，此时可以采用 get()函数。

get()函数是根据键来获取值的一种常用方法，如果使用 get()函数访问的键存在，便会返回值，如果访问的键不存在，该函数会返回 None，不会导致程序运行异常。

keys()函数和 values()函数分别用于获取字典中的所有键和所有值。

知识练习

练习 1：以下不能创建字典的语句是？（多选）________。

A. dict1 = {}

B. dict2 = {8:7}

C. dict3 = {['a', 'b', 'c']: "uestc"}

D. dict4 = {8: "uestc", "abc"}

练习 2：阅读如下代码，选出能输出“女”的选项。________

```
S= {'Michael': "女",
    'Bob': "男",
    'Tracy': "男",
    'Brian': "男"}
```

A. print(S.keys())

B. print(S["Michael"])

C. print(S.values())

D. print(S["Bob"])

练习 3：在下面代码空格的位置上，哪些选项的数字可以把列表中的“刘备”换成“马超”？（多选）________

```
a1 = ["关羽", "张飞", "赵云", "刘备", "黄忠"]
a1[________]= "马超"
```

A. -2

B. 1

C. 2

D. 3

练习 4：有如下程序，存储了一个成绩单，数据结构为{"名字":成绩，...}的数据字典。

```
scores= {"Anne":90,
         "Bob":87,
         "Bald":86,
         "Moon":95,
         "Balfe":78}
```

基于 scores 数据，编写 Python 程序，实现以下功能。

1）获取字典的长度。

2）获取字典中键为 Bob 的值。

3）Moon 的成绩输入错误了，现将其更新为 100。

4）将 Balfe 的成绩删除。

5）添加一个学生成绩，学生姓名为 Ada，成绩为 78。

6）清空整个字典。

7）删除字典。

练习 5：有如下程序，存储了一个体重列表，按照要求编写 Python 程序实现功能。

```
weight= [90,89,92,101,
        104,109,112,127,
        132,145,167,156]
```

1）计算列表长度并输出。

2）输出 weight 列表中第 3 个元素的数值。

3）输出 weight 列表中第 1~6 个元素的值。

4）取出 weight 列表中最后 3 个元素。

5）weight 列表中，追加数值 130，并输出 wcight 列表。

6）颠倒列表中的顺序。

7）删除列表中第一个元素。

8）创建新列表[135，121，103，94，115]，合并到 weight 列表中。

答案解析

练习 1 答案：C，D

A 选项创建了一个空的字典。

B 选项创建了一个键为 8，值为 7 的字典。

C 选项中试图将列表作为键，是不符合 Python 中字典数据结构的要求的，故 C 选项是不能创建字典的。

D 选项中一个键对应了两个值，Python 的字典类型不允许一个键对应多个值，一个键只能对应一个值，因而 D 选项不能创建数据字典。

练习 2 答案：B

A 选项为输出字典所有的键，故 A 选项不对。

C 选项为输出字典所有的值，故 C 选项不对。

根据 S 中的数据描述，“Michael” 的性别是 “女”，“Bob” 的性别是 “男”，故选择 B 选项。

练习 3 答案：A，D

这道题主要考察索引的使用。正序中，“刘备” 的索引为 3，所以 D 是正确的；在倒序中，“刘备” 的索引为-2，所以 A 也正确。

练习 4 答案：

```
scores = {"Anne": 90,
        "Bob": 87,
        "Bald": 86,
        "Moon": 95,
        "Balfe": 78}

#1) 获取字典的长度
print(len(scores))

#2) 获取字典中键为 Bob 的成绩
print(scores["Bob"])

#3) Moon 的成绩输入错误了,现将其更新为 100
scores["Moon"] = 100
print(scores["Moon"])

#4) 将 Balfe 的成绩删除
del scores["Balfe"]
print(scores)

#5) 添加一个学生成绩,学生姓名为 Ada,成绩为 78
```

```
scores["Ada"] = 78
print(scores)

#6) 清空整个字典
scores.clear()
print(scores)

#7) 删除字典
del scores
#这时,scores 变为未定义
#如果使用 print(scores)输出数据的话,Python 会抛出如下异常
#NameError: name 'scores' is not defined
```

解析：

len( )函数用来获得字典或列表的长度，括号里放字典或列表的名称。

从字典中提取元素时，由于字典没有下标，只能通过键提取，也就是“字典名［键］”。

更新字典中键对应的值时，可将键对应的值进行修改，方式为“字典名［键］= 新值”。

当删除一个键值对时，使用 del 语句，方式为“del 字典名［键］”。

当新增键值时，使用“字典名［键］= 值”。

clear( )函数用来清空整个字典中的数据。

“del 字典名”用来删除整个字典。

练习 5 答案：

```
weight= [90, 89, 92, 101,
104, 109, 112, 127,
132, 145, 167, 156]

#1) 计算列表长度并输出
print("length: ", len(weight))
#2) 输出 weight 列表中第 3 个元素的数值
print("weight[2]: ", weight[2])
#3) 输出 weight 列表中第 1~6 个元素的值
print("weight[0:6]: ", weight[0:6])
#4) 取出 weight 列表中最后 3 个元素
#[-3:]表示取值范围为从列表的倒数第三个到末尾
print("weight[-3:]: ", weight[-3:])
```

```
#5) weight 列表中,追加数值 130,并输出 weight 列表
weight.append(130)
print("weight.append(130): ", weight)
#6) 颠倒列表中的顺序
weight_reverse= weight[::-1]
print("weight[::-1]: ", weight_reverse)
#7) 删除列表中第一个元素
del weight[0]
print("del weight[0]: ", weight)
#8) 创建新列表 [135, 121, 103, 94, 115],合并到 weight 列表中
weight_two= [135, 121, 103, 94, 115]
weight.extend(weight_two)
print("weight.extend(weight_two): ", weight)
```

解析：

用 len( ) 函数获得列表中的数据个数。

当从列表中提取单个元素时，可以通过列表名搭配下标的方式来提取列表中的元素。

当从列表中提取多个元素时，可以采用切片的方式进行。

用 del 函数删除相应下标的元素。

用 append( ) 函数向列表中添加元素。

用 extend( ) 函数批量添加元素。extend( ) 函数是将另外一个列表中的元素逐一添加到当前列表中，而不是将另一个列表作为一个数据整体进行添加。

扫一扫观看串讲视频

扫码做练习

第*6*课

躲不过的重复

知识回顾

REVIEW THE KNOWLEDGE

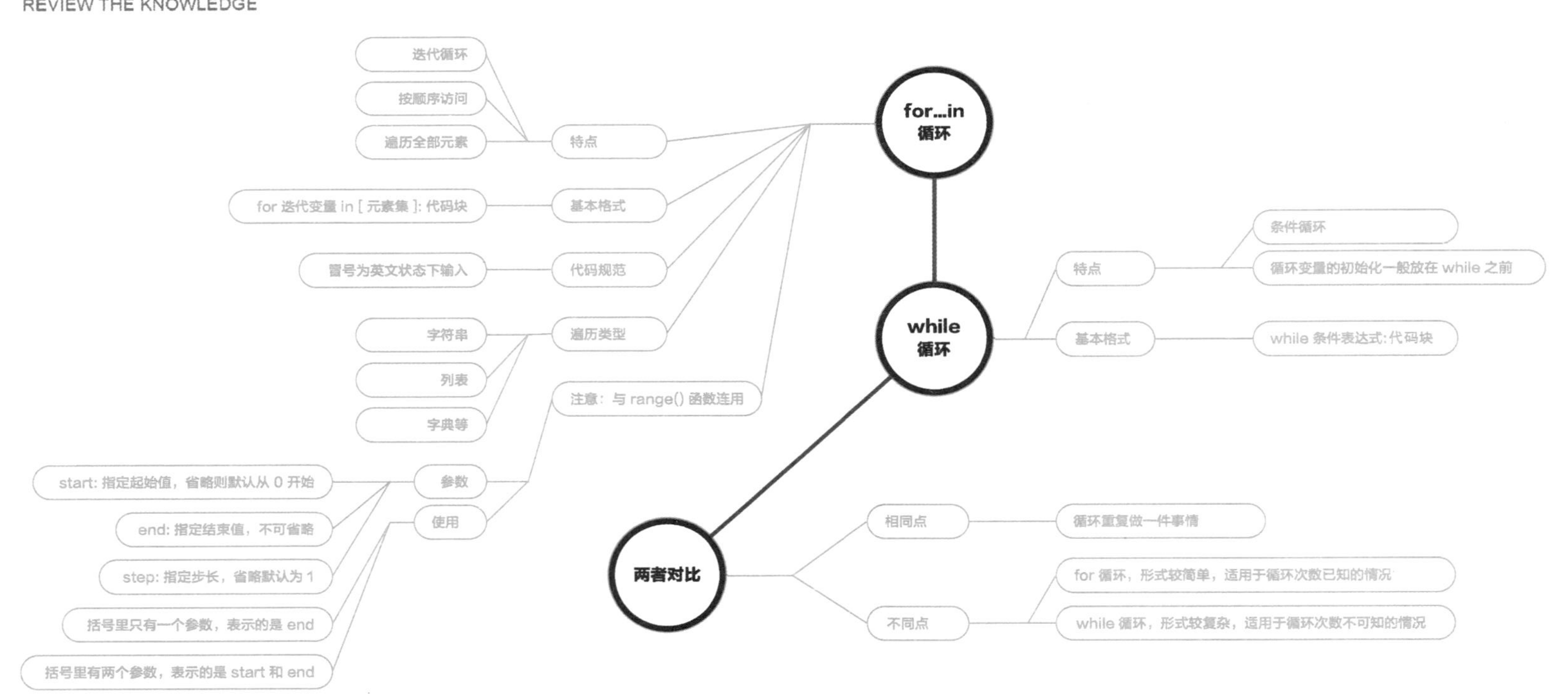

思维导图：for 与 while 循环

知识拓展

知识拓展 01

例题 1： 以下 Python 程序，“Hello，Python!”打印了多少次？________

```
i = 0
while i < 3:
    for j in range(3):
        print("Hello, Python!")
    i+= 1
```

A. 6

B. 7

C. 8

D. 9

答案： D

解析：

这段程序是两层循环的嵌套。

在外层 while i < 3 条件下，当 i 为 0 时，满足外层循环条件，内层循环 for j in range（3）会执行 3 次，执行 3 次后，执行 i += 1 使得 i 变为 1。

当 i 为 1 时，满足外层循环条件，内层循环 for j in range(3) 再执行 3 次，执行 3 次后，i 变为 2。

当 i 为 2 时，满足外层循环条件，内层循环 for j in range(3) 仍执行 3 次，执行 3 次后，i 变为 3。

当 i 为 3 时，不满足 while 中 i < 3 的条件，内层循环 for j in range(3) 不再执行，外层循环结束。

因此，一共执行了 3 x 3 = 9 次 print("Hello，Python!")，选择 D 选项。

拓展：

这道题属于循环嵌套结构，可以看出，外循环使用的是 while 语句，内循环使用的是 for 语句。

外循环执行 3 次，每次执行外循环时，内循环也执行 3 次，总共执行 9 次。

总结，嵌套循环执行的总次数为外循环次数与内循环次数的乘积。

知识拓展 02

例题 2：下面语句执行后，能输出“循环结束”字符串吗？程序如下。________

```
for i in range(1, 5):
    print(i)
else:
    print("循环结束")
```

A. 能输出“循环结束”

B. 不能输出“循环结束”

答案：A

解析：

该循环在执行时，需要通过 for i in range(1, 5) 进行循环判断条件，才能执行 print(i)；for i in range(1, 5) 只能从 1 执行，执行 4 次，当第 5 次不满足时，已经不能执行 print(i) 函数，而去执行 else 语句（代码块）中的 print("循环结束")，所以能输出“循环结束”。

for 循环在正常结束时，会自动执行 else 中的语句，选择 A 选项。

拓展：

Python 中 for 循环使用 else 语句，只有当 for 中所有语句正常执行完，才会执行 else 语句。通常在能预先确定循环次数的情况下使用，格式如下。

```
for 迭代对象 in 序列:
    代码块
else:
    代码块
```

另外，while 循环也可以使用 else 子句，既可在无法确定循环次数的情况下使用，也可在循环次数能预先确定的情况下使用。

知识拓展 03

例题 3：编写 Python 程序，使用 for 循环输出 1~100 中所有的奇数，输出如下所示的结果。

```
1,3,5,7,9,11,13,15,...,91,93,95,97,99
```

答案：

```
odd_number_list = []
for i in range(1, 100, 2):
    odd_number_list.append(str(i))
print(','.join(odd_number_list))
```

解析：

这道题需要从 1~100 中找到所有的奇数，完成它需要两步：第一步，建立 1~100 之间的循环；第二步，找到循环中的奇数。

一种做法是：

写一个 1~100 的循环，然后在循环中做 if 判断，如果所选值不能被 2 整除，则找到一个奇数。

这样做效率会比较低，一方面是需要循环 100 次才找到 1~100 中所有的奇数，另一方面是需要做 100 次取余数计算。

另一种更为高效的做法是：

使用 range( ) 函数。

range(1, 100, 2) 直接生成 1~100 之间所有的奇数，1 为循环起始值，99 为循环结束值，2 为循环步长，也就是每次循环变化的增量。

在循环开始时 i 为 1，每循环一次 i 增加 2，以此类推，i 会依次变为 1，3，5，7，9，...，99。

推荐使用更为高效的方法来实现本题，最后：

print(','.join(odd_number_list)) 将所有的元素用逗号分隔的方式连接起来，由于 join( ) 函数要求列表中所有元素都必需是字符串类型，用 str(i) 把 i 转换为字符串。

拓展：

range( ) 函数一般与 for 循环一起使用，语法如下。

```
for i in range(start, stop[, step])
```

参数说明：

start：从 start 开始迭代计数，默认是从 0 开始。

stop：到 stop 结束迭代计数，但不包括 stop。

step：步长，默认为 1。

知识练习

练习 1：Python 中的循环有几种方式？________

A. 1

B. 2

C. 3

D. 4

练习 2：下面代码的运行结果是________。

```
x= 0
while x <= 6:
    x+= 2
print(x, end = '')
```

A. 2 4 6 8

B. 0 2 4 6 8

C. 2 4 6

D. 0 2 4 6

练习 3：以下代码的运行结果是________。

```
x = 0
for i in range(1, 5):
    x= x + i
print(x)
```

A. 1~5 的和

B. 1 + 5 的和

C. 1~4 的和

D. 1 + 4 的和

练习 4：编写 Python 程序，使用 for 循环打印文字图形，要求输出如下结果。

```
*
* *
* * *
* * * *
```

```
* * * * *
* * * * * *
```

练习 5：编写 Python 程序，使用 while 循环，实现以下要求。

用户输入账号和密码，与后端数据进行比对；比对正确则显示“登录成功”，错误则显示“登录失败”，且只有 3 次机会。

后端数据：账号是“小明”，密码是 Pass@word1。

答案解析

练习 1 答案：B

Python 中的循环方式有两种，一种是 for 循环，依次把数据集中的元素迭代出来，语法如下。

```
for iterating_var in sequence:
    statements(s)
```

另一种是 while 循环，只要满足条件，就不断循环，直到循环条件不满足时才退出循环，语法如下。

```
while expression:
    statement(s)
```

因此有两种循环方式，选择 B。

练习 2 答案：A

x 初始值为 0，满足 x <= 6 的条件，进入 while 循环，x 的值先加 2 再打印出来 2。

x 值为 2，满足 x <= 6 的条件，继续 while 循环，x 的值先加 2 再打印出来 4。

x 值为 4，满足 x <= 6 的条件，继续 while 循环，x 的值先加 2 再打印出来 6。

x 值为 6，满足 x <= 6 的条件，继续 while 循环，x 的值先加 2 再打印出来 8。

x 值为 8，不满足循环条件，退出循环。

因此打印的结果是 2 4 6 8，选择 A。

练习 3 答案：C

range(1, 5) 函数中，初始值为 1，结束值为 4，不包括 5，生成的元素为 1, 2, 3, 4。

for 循环遍历所有元素，并将所有的元素进行累加，最后输出结果为 10，选择 C。

练习 4 答案：

第一种方法：

```
for i in range(1, 7):
    for j in range(7 - i, 7):
        print('*', end='')
    print()
```

第二种方法：

```
for i in range(6):
    print(('* ') * (i+1))
```

解析：

rang(6) 函数，初始迭代的值默认为 0，结束值为 5，元素为 0，1，2，3，4，5。

执行 for 循环，遍历所有元素 0~5，执行打印语句，每次循环打印 i + 1 个 *。

随着 i 从 0 增加到 5，每行打印的 * 都比上一行多一个，共打印 6 行后，循环结束。

第二种实现方法比第一种方法更加简明，这种简明的代码也是 Python 语言受人青睐的一个原因。

练习 5 答案：

```
attempt_limit= 3
while attempt_limit >= 1:
    user_name= input("请输入账户:")
    password= input("请输入密码:")
    if user_name == "小明" and password == "Pass@word1":
        print("登录成功")
        break
    else:
        print("账户或者密码错误")
        attempt_limit-= 1
```

解析：

attempt_limit 表示还剩余的尝试次数，初始值为 3。

当还有尝试次数的时候，即 attempt_limit >= 1 满足 while 循环条件，执行循环内的代码块。

提示用户输入账户（user_name）和密码（password），然后执行 if 语句进行账号和密码的比对。

如果比对成功，则打印“登录成功”，并执行 break 退出循环。

如果比对不成功，则执行 else 中的代码块，打印“账户或者密码错误”，并执行 attempt_limit -= 1。

继续执行下一次循环。

总结一下，有两种情况会导致程序退出。

第一，if user_name == "小明" and password == "Pass@ word1" 逻辑运算返回 True，if 代码块中的 break 语句被执行，导致 while 循环结束。

第二，else 代码执行了 3 次，attempt_limit 3 次减 1，导致 attempt_limit 为 0，无法满足 while 循环继续执行的条件 attempt_limit >= 1，while 循环结束。

扫一扫观看串讲视频

扫码做练习

第7课

跳出重复

知识回顾

REVIEW THE KNOWLEDGE

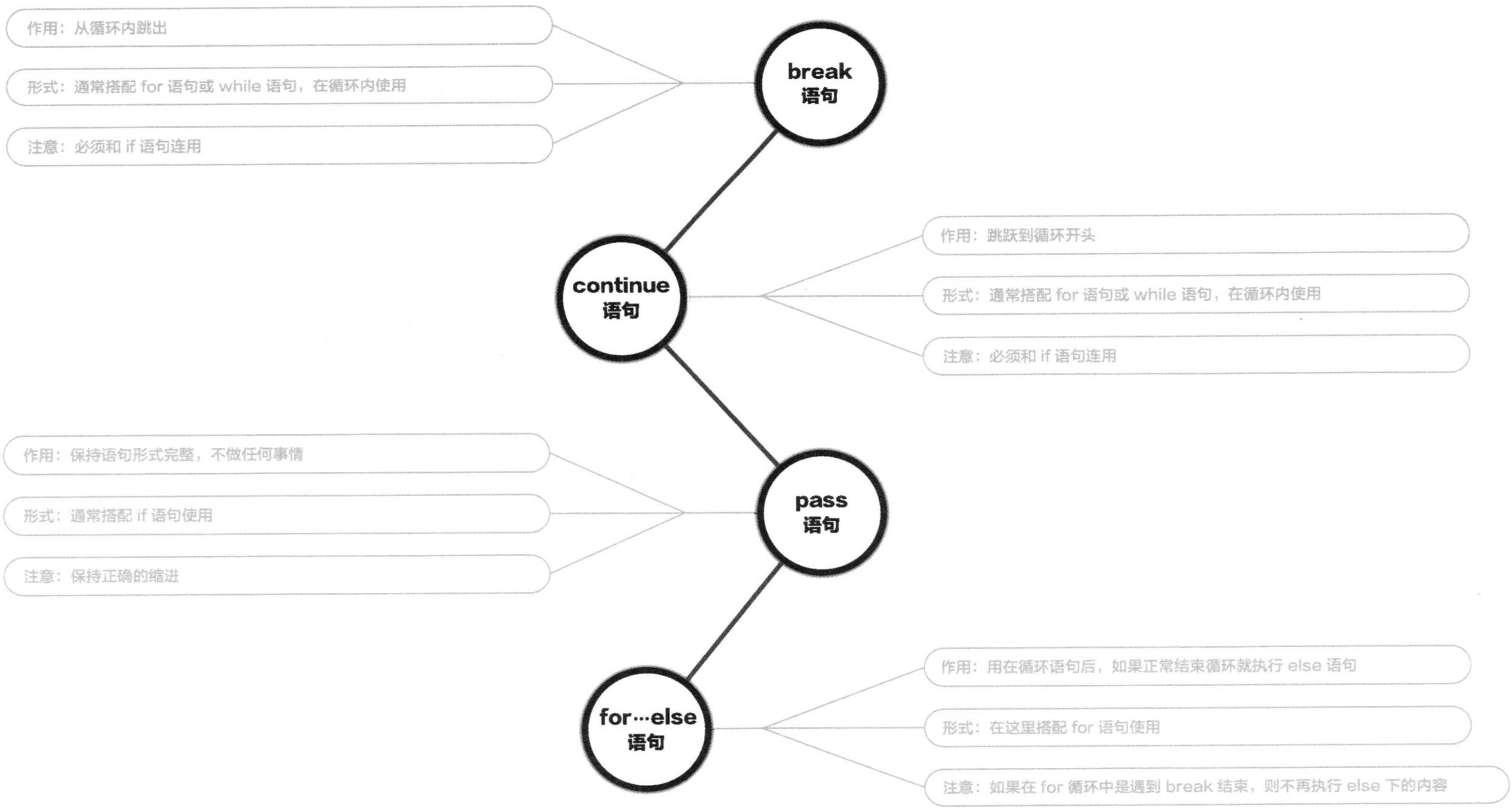

break 语句

- 作用：从循环内跳出
- 形式：通常搭配 for 语句或 while 语句，在循环内使用
- 注意：必须和 if 语句连用

continue 语句

- 作用：跳跃到循环开头
- 形式：通常搭配 for 语句或 while 语句，在循环内使用
- 注意：必须和 if 语句连用

pass 语句

- 作用：保持语句形式完整，不做任何事情
- 形式：通常搭配 if 语句使用
- 注意：保持正确的缩进

for…else 语句

- 作用：用在循环语句后，如果正常结束循环就执行 else 语句
- 形式：在这里搭配 for 语句使用
- 注意：如果在 for 循环中是遇到 break 结束，则不再执行 else 下的内容

思维导图：与循环相关的语句

知识拓展

知识拓展 01

例题 1：以下选项，可以得到布尔值为 True 的语句是________。

A. 3 > 5

B. True and False

C. (5 > 3) & (3 > 5)

D. (5 > 3) or (3 > 5)

答案：D

解析：

A 选项是两个数字作比较的布尔运算，因为 3 小于 5，所以 A 选项的 3 > 5 是 False。

B 选项是布尔值之间的布尔运算，and 表示与的含义，即 and 两端的布尔值都应该为 True，才可以得到 True 的结果。

D 选项中 or 表示或的含义，即 or 两端只要有 1 个布尔值结果为 True，则整体布尔运算的结果就为 True，故选择 D。

拓展：

在这里，因为 & 两端都是逻辑变量，结果为布尔值，所以 & 相当于 and 的作用，都是与的含义，例如：

```
print((5 > 3) & (3 > 5))
False
print(True & True )
True
print (True & False )
False
```

同样，在符号两端都是布尔值类型时，符号 | 和关键词 or 都表示或的含义，例如：

```
print((5 > 3) | (3 > 5))
True
print(False | False )
```

```
False
print(True | False)
True
```

知识拓展 02

例题 2：阅读以下代码，选择正确的输出结果是？代码如下。________

```
s = 0
while s < 2:
    for i in ['a', 'b']:
        if i == 'b':
            break
        else:
            print(s)
    s = s + 1
```

A. 0

B. 1

C. 0 和 1

D. 不会输出结果

答案：C

解析：

本题主要考察对循环及 break 的掌握程度，在 while 循环内部嵌套了 for 循环，并且 for 循环中使用了 break。

初始状态 s = 0，所以 s < 2 的结果为 True，故进入 while 循环。

在 while 循环中，首先进行 for 循环。

第一次 for 循环，i 为 a，接着进行 if 判断，因为变量 i 的值为 a 且不等于 b 的，所以，不进入 if 结构下的部分，直接进入 else，打印 s，则此时打印出的 s 为 0。

之后进入第二次 for 循环，此时 i 为 b，接着进行 if 判断，因为变量 i 的值为 b，所以执行 break，结束循环。

但是要注意，该 break 是在 for 循环语句中出现的，所以它结束的只是 for 循环语句，对外层的 while 循环没有影响。所以，程序继续进行。此时，执行 s = s + 1 后 s 变为 1。

s = 1 时，重复上述步骤，开始第 2 次 while 循环，打印出 s 为 1。s = 2 时，不满足 while 循环的条件，程序运行结束。因此最终输出结果为 0 和 1。

拓展：

当循环中还有循环的这种情况，称之为多层循环，也叫作循环嵌套。循环嵌套的情况下，无论是 break 语句还是 continue 语句，影响的都只是最靠近它们这一层的循环，外层的循环不会受到影响。

知识拓展 03

例题 3：编写 Python 程序，使用循环找到列表［'a', 'b', 'c', 'd'］中元素 b 的索引为多少？

答案：

```
list_for_search = ['a', 'b', 'c', 'd']
i = 0
l = len(list_for_search)
while i < l:
    if 'b' == list_for_search[i]:
        print("'b' 的索引为:", i)
        break
    i = i + 1
# b 的索引为 1
```

解析：

首先获取整个列表的长度 l，定义变量 i 为 list_for_search 列表的下标，通过 while 循环，控制循环条件 i < l。

通过下标 i 取值的方式取得 list_for_search[i] 的值，判断本次循环中 list_for_search[i] 的值是否为 b，如果为 b，执行 print("'b' 的索引为:", i)语句，并且结束循环。

拓展：

此题有很多种实现方法，也可以用 for 循环和下标变量 i 相结合的方式，代码如下。

```
list_for_search = ['a', 'b', 'c', 'd']
i = 0
for e in list_for_search:
    if 'b' == e:
        print("'b' 的索引为:", i)
        break
    i = i + 1
```

再给读者介绍一个更为简单的实现方法，使用 enumerate( ) 函数，这个函数用于将一个可遍历的数据对象（如列表、元组或字符串）组合为一个索引序列，同时列出数据下标和数据，一般用在 for 循环当中，代码如下。

```
list_for_search= ['a', 'b', 'c', 'd']
for i, e in enumerate(list_for_search):
    if 'b' == e:
        print("'b' 的索引为:", i)
```

读者对比这三种实现方式：while 和下标变量 i 的方法、for 和下标变量 i 的方法、for 和 enumerate( ) 的方法，思考一下哪种方法更符合 Python 语言的风格。

知识练习

练习 1：以下语句中，表示跳转到下一次循环的开始的语句是________。

A. break

B. continue

C. pass

D. else

练习 2：以下说法正确的是________。

A. else 语句一定是和 if 语句结合使用的

B. 在一个 while 死循环中，如果在循环里的最后一行加入 continue 语句可以结束死循环

C. 因为 pass 表示什么也不做，所以任何情况下都没必要使用它

D. 以上说法都不正确

练习 3：阅读以下 Python 代码，正确的执行结果为________。

```
for e in [1, 2, 3]:
    if e % 2 == 1:
        print(e)
        break
    else:
```

A. 1

B. 1 和 3

C. 报错

D. 执行结果为空

练习 4：编写 Python 程序，使用 while 循环，将数字 1~10（包括 1 和 10）进行相加，但是 5 不参与相加计算，最后打印出求和结果。

练习 5：编写 Python 程序，对数字 1~10（包括 1 和 10）按照顺序进行查找，当第二次出现偶数时，打印该偶数并且结束循环。

答案解析

练习 1 答案：B

break 是从循环内跳出。

pass 是什么也不做，只是保持语句和代码结构的完整性。

else 通常和 if 和 for 结合使用，分别表示未满足 if 的条件和循环正常结束。

continue 表示跳转到下一次循环判断的开始。

选择 B 选项。

练习 2 答案：D

else 语句也可以结合 for 语句使用，选项 A 说法不正确。

continue 只是跳转到下一次循环的开始，不会从循环内跳出，B 选项的说法不正确。

虽然 pass 表示什么也不做，但是它起到保持语句和代码完整性的作用。例如，在 else 里面什么也不做的情况下，要使用 pass 语句，否则会出现语法错误。

选择 D 选项。

练习 3 答案：C

由于 else 语句下没有任何语句，应该使用 pass 进行占位，保持代码结构的完整性，题目代码中没有使用 pass 语句，这样会引起语法错误问题，选择 C 选项。

练习 4 答案：

```
i = 0
sum = 0
while i < 10:
    i = i + 1
    if i == 5:
        continue
    sum += i
print("累加结果为:", sum)

# sum 的值 50
```

解析：

在 while 循环中，设置变量 i 作为要进行求和数据的变量。

因为只有当循环到 i=5 的时候 i 不被累加，因此当 i=5 时，使用 continue 跳过此次循环，进入下一次循环的开始。

由于使用了 continue，i = i + 1 语句必须放到 continue 之前，才能保证每次循环 i 值都会加 1。如果 i = i + 1 语句放到 continue 之后，那么当 i 累加到 5 的时候就会陷入死循环。

练习 5 答案：

```
num= 1
even_count= 0
while num < 11:
    if num % 2 == 0:
        even_count+= 1
    if even_count == 2:
        print(num)
    break
    num= num + 1
# 打印出的值为 4
```

解析：

设置变量 num 为要遍历的数字，初始值为 1。

设置变量 even_count 用于记录偶数出现的次数，初始值为 0。

当 num 对整数 2 取余为 0 时，可以判断 num 为偶数，并执行 even_count += 1，表示发现的整数数量增加了一个。

当 even_count == 2 时，说明当前发现的是第二个偶数，打印当前的偶数 num，并且使用 break 结束循环。

扫一扫观看串讲视频

扫码做练习

第8课

李逍遥 VS 拜月教主

知识回顾

REVIEW THE KNOWLEDGE

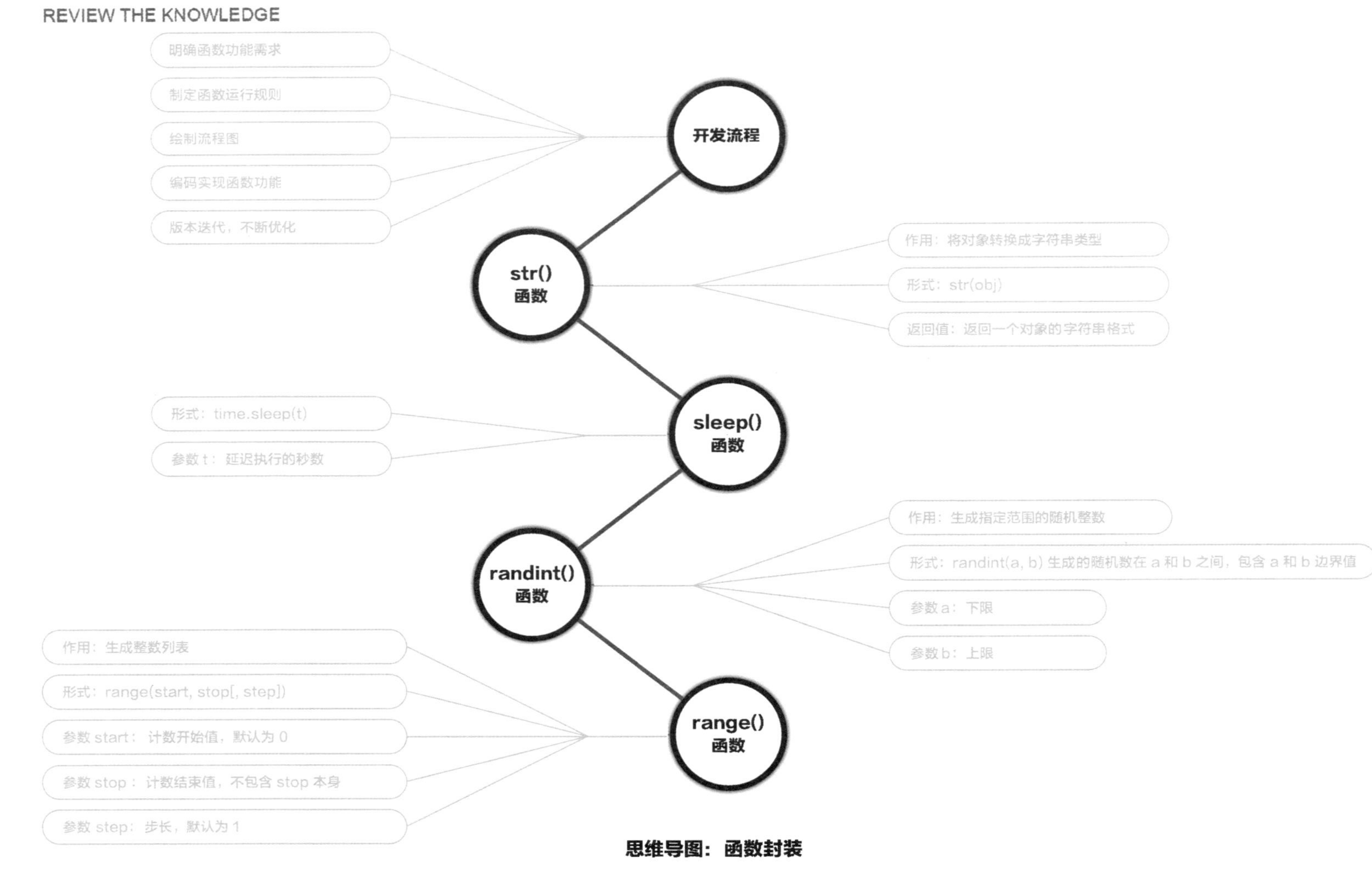

思维导图：函数封装

知识拓展

知识拓展 01

例题 1：以下选项中，哪个选项是表示 print( ) 函数字符串输出占位符的？________

A. %o

B. %s

C. %f

D. %x

答案：B

解析：

print( ) 函数通过 % 运算符来完成输出字符串的格式化，采用数据类型的首字母来表示占位符，%s 对应 string 类型，其他的选项与字符串类型不相关，所以选择 B。

拓展：

格式化输出 % 的用法很灵活，在 Python 中，可以使用以下的形式进行占位输出：

%o -> oct 八进制

%d -> dec 十进制

%x -> hex 十六进制

%f -> float 浮点型

%s -> string 字符串

通过占位输出就能够输出想要的数据类型和格式了。

%s 字符串的一些用法举例如下。

```
string= "hello"
#%s 打印时结果是 hello
print("string=%s " % string)                    #output:string=hello
#%2s 意思是字符串长度为 2,当原字符串的长度超过 2 时,按原长度打印,所以 %2s 的打印结果还
#是 hello
print("string=%2s " % string)                   #output:string=hello
#%7s 意思是字符串长度为 7,当原字符串的长度小于 7 时,在原字符串左侧补空格,所以 %7s 的打
#印结果是"hello"
print("string=%7s " % string)                   #output:string=  hello
#%-7s 意思是字符串长度为 7,当原字符串的长度小于 7 时,在原字符串右侧补空格,所以 %-7s 的
```

```
# 打印结果是"hello"
print("string=%-7s!" % string)              # output: string=hello  !
# %.2s 意思是截取字符串的前 2 个字符,所以 %.2s 的打印结果是 he
print("string=%.2s" % string)               # output: string=he
# %.7s 意思是截取字符串的前 7 个字符,当原字符串长度小于 7 时,即表示字符串本身,所以 %.7s
# 的打印结果是"hello"
print("string=%.7s" % string)               # output: string=hello
# %a.bs 这种格式是上面两种格式的综合,首先根据小数点后面的数 b 截取字符串,当截取的字符
# 串长度小于 a 时,还需要在其左侧或右侧补空格,a > 0 时在左侧补空格,a < 0 时在右侧补空格
print("string=%7.2s" % string)              # output: string=     he
print("string=%2.7s" % string)              # output: string=hello
print("string=%10.7s" % string)             # output: string=     hello
# 还可以用 %*.*s 来表示精度,两个 * 的值分别由后面小括号的前两位数值指定
print("string=%*.*s" % (7, 2, string))      # output: string=     he
```

%d 整型的一些用法举例如下。

```
num=14
# %d 打印时结果是 14
print("num=%d" % num)                       # output: num=14
# %1d 意思是打印结果为 1 位整数,当整数的位数超过 1 位时,按整数原值打印,所以 %1d 的打印结
# 果还是 14
print("num=%1d" % num)                      # output: num=14
# %3d 意思是打印结果为 3 位整数,当整数的位数不够 3 位时,在整数左侧补空格,所以 %3d 的打印
# 结果是 14
print("num=%3d" % num)                      # output: num= 14
# %-3d 意思是打印结果为 3 位整数,当整数的位数不够 3 位时,在整数右侧补空格,所以 %-3d 的
# 打印结果是 14
print("num=%-3d" % num)                     # output: num=14
# %05d 意思是打印结果为 5 位整数,当整数的位数不够 5 位时,在整数左侧补 0,所以 %05d 的打印
# 结果是 00014
print("num=%05d" % num)                     # output: num=00014
# %.3d 小数点后面的 3 的意思是打印结果为 3 位整数,当整数的位数不够 3 位时,在整数左侧补 0,
# 所以 %.3d 的打印结果是 014
print("num=%.3d" % num)                     # output: num=014
# %.0003d 小数点后面的 0003 和 3 一样都表示 3,意思是打印结果为 3 位整数,当整数的位数不够
# 3 位时,在整数左侧补 0,所以 %.0003d 的打印结果还是 014
```

```
print("num=%.0003d" % num)              # output: num=014
# %5.3d是两种补齐方式的综合,当整数的位数不够 3 时,先在左侧补 0,还是不够 5 位时,再在左侧
# 补空格,规则就是补 0 优先,最终的长度选数值较大的那个,所以 %5.3d 的打印结果是—014
print("num=%5.3d" % num)                # output: num=  014
# %05.3d是两种补齐方式的综合,当整数的位数不够 3 时,先在左侧补 0,还是不够 5 位时,由于是
# 05,再在左侧补 0,最终的长度选数值较大的那个,所以 %05.3d 的打印结果是 00014
print("num=%05.3d" % num)               # output: num=00014
# 还可以用 %*.*d 来表示精度,两个 * 的值分别由后面小括号的前两位数值指定。不过这种方式
# 04 就失去补 0 的功能,只能补空格,只有小数点后面的 3 才能补 0
print("num=%*.*d" % (4, 3, num)) # output: num= 014
```

%f 浮点型的一些用法举例如下。

```
import math
# %a.bf,a 表示浮点数的打印长度,b 表示浮点数小数点后面的精度
# 只有 %f 时表示原值,默认是小数点后 6 位数
print("PI=%f" % math.pi)                # output: PI=3.141593
# 只有 %9f 时,表示打印长度 9 位数,小数点也占一位,不够时左侧补空格
print("PI=%9f" % math.pi)               # output: PI=-3.141593
# 只有 . 没有后面的数字时,表示去掉小数输出整数,03 表示不够 3 位数时左侧补 0
print("PI=%03.f" % math.pi)             # output: PI=003
# %6.3f 表示小数点后面精确到 3 位,总长度为 6 位,包括小数点,不够时左侧补空格
print("PI=%6.3f" % math.pi)             # output: PI=3.142
# %-6.3f 表示小数点后面精确到 3 位,总长度 6 位数,包括小数点,不够时右侧补空格
print("PI=%-6.3f" % math.pi)            # output: PI=3.142
# 还可以用 %*.*f 来表示精度,两个 * 的值分别由后面小括号的前两位数值指定。不过这种方
# 式 6 就失去补 0 的功能,只能补空格
print("PI=%*.*f" % (6,3,math.pi)) # output: PI=3.142
```

知识拓展 02

例题 2: 在 Python 中，下列哪些语句能输出“123，开课吧加油”？(多选) ________

A. print('123' + ',开课吧加油')

B. print("123" + ",开课吧加油")

C. print(123 + ',开课吧加油')

D. print(str(123) + ',开课吧加油')

答案：A、B、D

解析：

A 选项通过字符串相加将两个字符串拼接在一起。

B 选项在没有转译字符出现的时候与单引号功能一致，都是字符串输出的形式。

D 选项是通过 str( ) 函数将 123 转换成字符串，然后再拼接字符串，可以实现题目功能。

C 选项是整型和字符串的相加，数据类型不匹配，程序执行中会出现异常，不能实现题目功能。

拓展：

可以使用 format( ) 函数来进行输出的格式化，更加灵活地按照格式输出字符串。

format( ) 函数把字符串当成一个模板，通过传入的参数来进行格式化输出。使用 {} 来定义字符串模板中需要被替换的部分。

示例代码如下。

```
# :b 将 123 转换为二进制数形式输出
print('{:b},开课吧加油'.format(123))
# :c 将 123 转换为对应的 Unicode 字符
print('{:c},开课吧加油'.format(123))
# :d 将 123 转换为十进制整数形式输出
print('{:d},开课吧加油'.format(123))
# :o 将 123 转换为八进制整数形式输出
print('{:o},开课吧加油'.format(123))
# :x 将 123 转换为十六进制整数形式输出
print('{:x},开课吧加油'.format(123))
# :e 将 123 转换为科学计数法的形式输出
print('{:e},开课吧加油'.format(123))
# :g 将 123.4 转换为小数形式输出
print('{:g},开课吧加油'.format(123.4))
# :f 将 123 转换为浮点数形式输出
print('{:f},开课吧加油'.format(123.4))
# :n 将 23 根据操作系统的区域设置输出
print('{:n},开课吧加油'.format(123))
# :% 将 123 转换为百分数形式输出
print('{:% },开课吧加油'.format(123))
```

知识拓展 03

例题 3：在 1~100 的范围中随机生成的 5 个数，并按照如下形式进行展示。

```
96 59 47 82 90
```

答案：

```
# 导入随机函数模块
import random
# 生成 1~5 的列表
nums = range(1,6)
# 接收随机值的字符串
random_nums_str = ''
# 循环遍历列表
for i in nums:
    # 产生随机值
    rand= random.randint(1, 100)
    # 拼接字符串
    random_nums_str += ' ' + str(rand)
print(random_nums_str)
```

解析：

完成这道编程题需要使用 random( ) 和 range( )，使用循环生成多个随机数，并将所有的随机数拼接为字符串。

其中 random_nums_str += ' ' + str(rand) 语句不太像 Python“优雅”的风格，像是用 Java 写出来的代码，不过还是可以训练我们的计算思维，体验很多的事情都可以通过计算来完成的感觉。

拓展：

既然答案里的代码不够“优雅”，我们可以换个写法，如下所示。

```
random_nums_list = []
for i in range(1, 6):
    random_nums_list.append(str(random.randint(1, 101)))
print(' '.join(random_nums_list))
```

我们把上面这段代码翻译一下。

第一句代码：现在 random_nums_list 还是一个空盒子。

第二句代码：让名字叫 i 的小朋友把冒号后面的事情做 5 遍。

第三句代码：从 100 个数字里面随便挑一个放到名称为 random_nums_list 的盒子里。

第四句代码：以一个空格为间隔向左看齐。

各位读者，体会到 Python 语言的“优雅”了吗？

知识练习

练习 1：以下哪个选项是生成随机整数的函数？________

A. range

B. random

C. randint

练习 2：Python 中关于 sleep( ) 函数说法正确的是________。

A. sleep( ) 函数默认间隔的是分钟

B. sleep( ) 函数默认间隔的是秒

C. sleep( ) 函数默认间隔的是小时

练习 3：完成________处代码，使得输出相应结果是 10~20 之间的随机数。

```
import random
num= random.randint(10, ________)
print(num)
```

练习 4：编写 Python 程序，完成以下功能。

用户输入年份和月份，年份不能小于 1900 年；按照如下格式输出日历。

请输入年份：	2020					
请输入月份：	2					
日	一	二	三	四	五	六
						1
2	3	4	5	6	7	8
9	10	11	12	13	14	15
16	17	18	19	20	21	22
23	24	25	26	27	28	29

练习 5：编写 Python 程序，实现人机猜拳游戏，游戏功能如下。

1）玩家输入石头、剪刀或者布。

2）机器随机选择石头、剪刀或者布。

3）判断玩家与机器的输赢并输出结果，结果中需要包含玩家和机器各自赢的次数。

4）询问玩家是否继续游戏，游戏可一直运行，直到玩家选择不继续。

界面效果如下：

```
--------------------人机猜拳游戏---------------------
【第 001 局】
  1 -代表石头
  2 -代表剪刀
  3 -代表布
请出拳吧 (1~3),输入其他数字将退出游戏：1
  ;-/平局 # 机器赢了 0 局,你赢了 0 局, 1 局平了
----------------------------------------------------
【第 002 局】
  1 -代表石头
  2 -代表剪刀
  3 -代表布
请出拳吧 (1~3),输入其他数字将退出游戏：1
  :-)你赢了 # 机器赢了 0 局,你赢了 1 局, 1 局平了
----------------------------------------------------
【第 003 局】
  1 -代表石头
  2 -代表剪刀
  3 -代表布
请出拳吧 (1~3),输入其他数字将退出游戏：1
  ;-(机器赢了 # 机器赢了 1 局,你赢了 1 局, 1 局平了
----------------------------------------------------
【第 004 局】
  1 -代表石头
  2 -代表剪刀
  3 -代表布
请出拳吧 (1~3),输入其他数字将退出游戏：_______________
```

答案解析

练习 1 答案：C

range( ) 表示生成指定范围的数值列表。

random( ) 表示生成 0~1 之间的随机浮点数。

所以 C 选项正确。

练习 2 答案：B

sleep( ) 函数是 time 模块中推迟线程运行的函数，默认时间间隔是秒，所以选择 B。

练习 3 答案：20

random. randint( ) 用于生成指定范围的一个整数，包括边界值。空格处应为范围 10~20 的上边界，即 20。

整体代码如下：

```
import random
num= random.randint(10, 20)
print(num)
```

练习 4 答案：

第一种答案。

```
year= int(input('请输入年份:\t'))           # 输入年份
month= int(input('请输入月份:\t'))          # 输入月份
day= 0                                      # 每个月的天数
total= 0                                    # 总天数
space= 0                                    # 空格数
#判断输入的年份是否是闰年
isRun = year % 4 == 0 and year % 100 != 0 or
        year% 400 == 0
#计算 1900 到 输入年份之前的所有天数
for y in range(1900, year):
    if y % 4 == 0 and y % 100 != 0 or y % 400 == 0:
        total+= 366
    else:
        total+= 365
#计算输入月份之前到 1 月 1 日之间的所有天数
for m in range(1, month + 1):
    if m == 1 or m == 3 or
        m == 5 or m == 7 or
        m == 8 or m == 10 or
        m == 12:
        day= 31
```

```
        elif m == 2:
            if isRun == True:
                day = 29
            else:
                day = 28
        else:
            day = 30
        if m < month:
            total += day
    # 计算输入月份第一天的空格数,及获取是星期几
    space = total % 7 + 1
    if space == 7:
        space = 0
    print('日\t一\t二\t三\t四\t五\t六')
    for s in range(0, space):
        print('\t', end='')
    for d in range(1, day + 1):
        print('{}\t'.format(d), end='')
        # 判断是否是周六并换行
        if (total + d) % 7 == 6:
            print('')
```

解析：

完成这个日历程序需要注意以下几点。

1）1900 年 1 月 1 日是星期一。

2）需要掌握平年和闰年的计算方式。

3）判断某一天是星期几。

4）需要计算从 1900 年 1 月 1 日开始到某天的天数。

5）通过累计天数对 7 取余数判断是星期几，并按照日历格式进行输出。

难点是需要按照日历的格式到周六就能够自动换行显示，可以使用（总天数 % 7 == 6）进行判断何时换行。

第二种答案。

```
input_year = int(input('请输入年份:\t'))          # 输入年份
input_month = int(input('请输入月份:\t'))         # 输入月份
if input_year < 1900:
    print("请您输入 1900 年以后的年份.")
```

```
else:
    # 判断用户输入的年份是否为闰年
    is_leap_year = (input_year % 4 == 0 and
                    input_year % 100 != 0) or
                   (input_year % 400 == 0)
    # 存储 1~12 月的天数,列表中每个元组存储的是(非闰年天数, 闰年天数),除了 2 月份,其他月
    # 份的天数与是否是闰年无关,那为什么还要这么存储数据呢?阅读后面的代码就能体会到,数据
    # 相当的冗余,可以简化代码,提高代码的可维护性
    # 1~12 月的天数数据
    days_in_months = [(31, 31), (28, 29), (31, 31),
                      (30, 30), (31, 31), (30, 30),
                      (31, 31), (31, 31), (30, 30),
                      (31, 31), (30, 30), (31, 31)]
    # day_in_week 存储周的数据,以字典形式存储,键用于定义如何显示星期中的日期,值用于定
    # 位某一天在一周当中的排列位置,方便在输出日历的过程中简化代码的书写;这样存储可以灵
    # 活调整周六、周日的排布位置, 大多数日历是 日、一、二、三、四、五、六排布,但有的日历是 一、
    # 二、三、四、五、六、日排布
    day_in_week = {'日': 0, '一': 1, '二': 2,
                   '三': 3, '四': 4, '五': 5, '六': 6}
    #这里提供几种 day_in_week 的定义,读者可以试着换一下,体会一下程序的乐趣
    # 1)day_in_week = {'日': 0, '一': 1,
    #                  '二': 2, '三': 3,
    #                  '四': 4, '五': 5,
    #                  '六': 6}
    # 2)day_in_week = {'星期天': 0, '星期一': 1,
    #                  '星期二': 2, '星期三': 3,
    #                  '星期四': 4, '星期五': 5,
    #                  '星期六': 6}
    # 3)day_in_week = {'星期一': 1, '星期二': 2,
    #                  '星期三': 3, '星期四': 4,
    #                  '星期五': 5, '星期六': 6,
    #                  '星期天': 0}
    # 我们需要计算一下用户选择的 y 年 m 月的第一天是星期几,思路是如下这样的.
    # 1)计算从 1900 年 1 月 1 日开始,到用户输入的年月一共有多少天:days_from_1900_1_1
    # 2)1900 年 1 月 1 日是星期一,    3)用 (days_from_1900_1_1 + 1) % 7 就可以计算 y
    # 年 m 月 1 日是星期几了
    # 4)把用户输入的年月的第一天是星期几存储在:day_of_input_year_month
```

```
days_from_1900_1_1 = 0
for y in range(1900, input_year):
    if (y % 4 == 0 and y % 100 != 0) or
       (y% 400 == 0):
        days_from_1900_1_1+= 366
    else:
        days_from_1900_1_1+= 365
for m in range(1, input_month):
    days_from_1900_1_1+= days_in_months[m - 1][int(is_leap_year)]
day_of_input_year_month= (days_from_1900_1_1 + 1) % 7
# 获取周中每一天的显示方式
calendar_header= list(day_in_week.keys())
# 初始化一个日历,一个月最大的周跨度是 6 周,例如 2020 年 8 月的跨度就是 6 周
calendar_body= [0, 0, 0, 0, 0, 0, 0,      # 第一周
                0, 0, 0, 0, 0, 0, 0,      # 第二周
                0, 0, 0, 0, 0, 0, 0,      # 第三周
                0, 0, 0, 0, 0, 0, 0,      # 第四周
                0, 0, 0, 0, 0, 0, 0,      # 第五周
                0, 0, 0, 0, 0, 0, 0]      # 第六周

# 找到用户输入年月的第一天在日历中的位置
# 就是 calendar_body 的下标
lst = list(day_in_week.values())
first_day_position= lst.index(
                          day_of_input_year_month)
# 从第一天开始,把日期写入 calendar_body
for d in range(0, days_in_months[input_month - 1][int(is_leap_year)]):
    calendar_body[first_day_position+ d] = d + 1
# 如果用户选择的是 2020 年 2 月,那么当代码执行到这里的时候,calendar_body 应该会是
# 这个样子,print(calendar_body) 会看到:
#    [0,  0,  0,  0,  0,  0,  1,      # 第一周
#     2,  3,  4,  5,  6,  7,  8,      # 第二周
#     9, 10, 11, 12, 13, 14, 15,      # 第三周
#    16, 17, 18, 19, 20, 21, 22,      # 第四周
#    23, 24, 25, 26, 27, 28, 29,      # 第五周
#     0,  0,  0,  0,  0,  0,  0]      # 第六周
# 下面就只剩下把日历打印或输出出来了,这里不做过多解释了
```

```
    for d in calendar_header:
        print(f'{d:<4s}', end='\t')
        # f'{d:<6s}' 等同于 {:<6s}.format(d) 等同于
        #'% 6s' % (d)
    for i, d in enumerate(calendar_body):
        if i % 7 == 0:
            print('')
        if d == 0:
            print(f'{"":<4s}', end='\t')
        else:
            print(f'{d:<4d}', end='\t')
```

拓展：

这个题提供了两种实现方法，第二种实现方法体现了更多的数据思维，希望读者通过阅读源代码和注释的方式来学习。

练习5答案：

第一种答案。

```
import random              # 导入随机模块
player= 0                  # 玩家赢的次数
machine= 0                 # 机器赢的次数
draw= 0                    # 平局的次数
index= 0                   # 记录局数
# 文字居中显示
print("人机猜拳游戏".center(50,'-'))
while True:
    index+= 1
    print('【第 %03d 局】' % (index))

    # 随机生成机器的出拳
    rand= random.randint(1, 3)
    print(' 1 - 代表石头\n'
          ' 2 - 代表剪刀\n'
          ' 3 - 代表布')
    # 玩家出拳
    hit= int(input(" "
                   "请出拳吧 (1~3),"
                   "输入其他数字将退出游戏:"))
```

```
    # 判断输入数字是否合理
    if hit > 3 or hit < 1:
        print('游戏结束!')
        break
    # 机器石头,玩家剪刀
    elif rand == 1 and hit == 2:
        print('   ;-( 机器赢了', end='#')
        machine = machine + 1
    # 机器石头,玩家布
    elif rand == 1 and hit == 3:
        print('   :-) 你赢了', end='#')
        player = player + 1
    # 机器剪刀,玩家石头
    elif rand == 2 and hit == 1:
        print('   :-) 你赢了', end='#')
        player = player + 1
    # 机器剪刀,玩家布
    elif rand == 2 and hit == 3:
        print('   ;-( 机器赢了', end='#')
        machine = machine + 1
    # 机器布,玩家石头
    elif rand == 3 and hit == 1:
        print('   ;-( 机器赢了', end='#')
        machine = machine + 1
    # 机器布,玩家剪刀
    elif rand == 3 and hit == 2:
        print('   :-) 你赢了', end='#')
        player = player + 1
    # 机器和玩家一样
    else:
        print('   ;-/平局', end='#')
        draw = draw + 1
    print('机器赢了{0:^3d}局,你赢了{1:^3d}局,{2:^3d}局平了'.format(machine, player,
draw))
    # 打印分割线
    print('-' * 55)
```

解析：

人机猜拳游戏，首先要理解游戏规则，剪刀石头布通过规则进行输赢的判断。

玩家赢的条件：玩家出石头，机器出剪刀；玩家出剪刀，机器出布；玩家出布，机器出石头。

玩家输的条件：玩家出石头，机器出布；玩家出剪刀，机器出石头；玩家出布，机器出剪刀。

其他的情况就是平局。

为记录局数和输赢情况：

增加了玩家 player 变量记录玩家赢的次数。

增加了机器 machine 变量记录机器赢的次数。

增加了平局 draw 变量记录平局的次数。

第二种答案：

```
import random      # 导入随机模块
####################定义数据 ####################
game_decision_matrix = [2, 0, 1,
                        1, 2, 0,
                        0, 1, 2]
game_options = ['石头', '剪刀', '布']
game_result = [[' # ;-( 机器赢了 #', 0],
               [' # :-) 你赢了 #', 0],
               [' # ;-/平局 #', 0]]
game_index = 0
# 文字居中显示
print("人机猜拳游戏".center(50, '-'))
####################操作数据 ####################
while True:
    game_index += 1
    print('【第 %03d 局】' % (game_index))
    for i, e in enumerate(game_options):
        print('  {0}- 代表{1}'.format(i + 1, e))
    # 玩家出拳
    player_hit = int(input("  "
                           "请出拳吧 (1~3),"
                           "输入其他数字将退出游戏:"))
    if player_hit > 3 or player_hit < 1:
        break
```

```
    # 随机生成机器的出拳
    robot_hit= random.randint(1, 3)
    # 在决策矩阵中找 robot_hit 行,player_hit 列
    this_match_result= game_decision_matrix[
        (robot_hit- 1) * 3 + (player_hit - 1)]
    # 记录游戏输、赢、平的次数
    game_result[this_match_result][1] += 1
####################显示数据 ####################
    print(
        '',
        game_options[player_hit-1],'V.S.',
        game_options[robot_hit-1],
        game_result[this_match_result][0]
    )
    print('','机器赢了{0[1]:^3d}局,你赢了{1[1]:^3d}局,{2[1]:^3d}局平了'.format(
            game_result[0], game_result[1], game_result[2]
        )
    )
```

解析：

Python 是一门为数据而生的语言，我们用数据思维来编写程序的话，会比第一种答案来得更加具有逻辑性、灵活性，代码也更简洁。

在第一个答案里，我们不难看出，代码最多的地方就是做输赢判断，做输赢的判断部分，if ... elif ... else ... 就有 8 个分支，如果眼力不够的话，很容易出错。

代码很难维护，业务逻辑的代码和显示输出的代码混在一起，行数一多就更难找了，赢了对应“:-)”、输了 对应“;-(”、平局 对应“;-/”，确保完全准确是很耗时耗力的。数据思维的解决方案能解决这些问题。

我们把数据、操作数据的代码、显示数据的代码分开，巧妙地构建数据结构，来简化输赢的判断逻辑，如下图所示。

玩家 [0, 1, 2]

机器 [0, 1, 2]	决策表	石头	剪刀	布
0	石头	2	0	1
1	剪刀	1	2	0
2	布	0	1	2

看到这张图读者可能就恍然大悟了。

1）矩阵中 0 代表输，1 代表赢，2 代表平。

2）想象一下，当玩家出石头，机器出剪刀的时候，我们只需要找到矩阵中的第 2 行、第 1 列的值就可以了，计算机很会干这类事情（在一个矩阵里面寻找数据）。

阅读一下代码，体会一下数据思维吧！

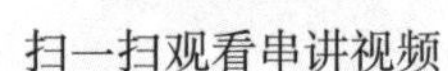

扫一扫观看串讲视频　　扫码做练习

第9课

打通任督二脉

知识回顾

REVIEW THE KNOWLEDGE

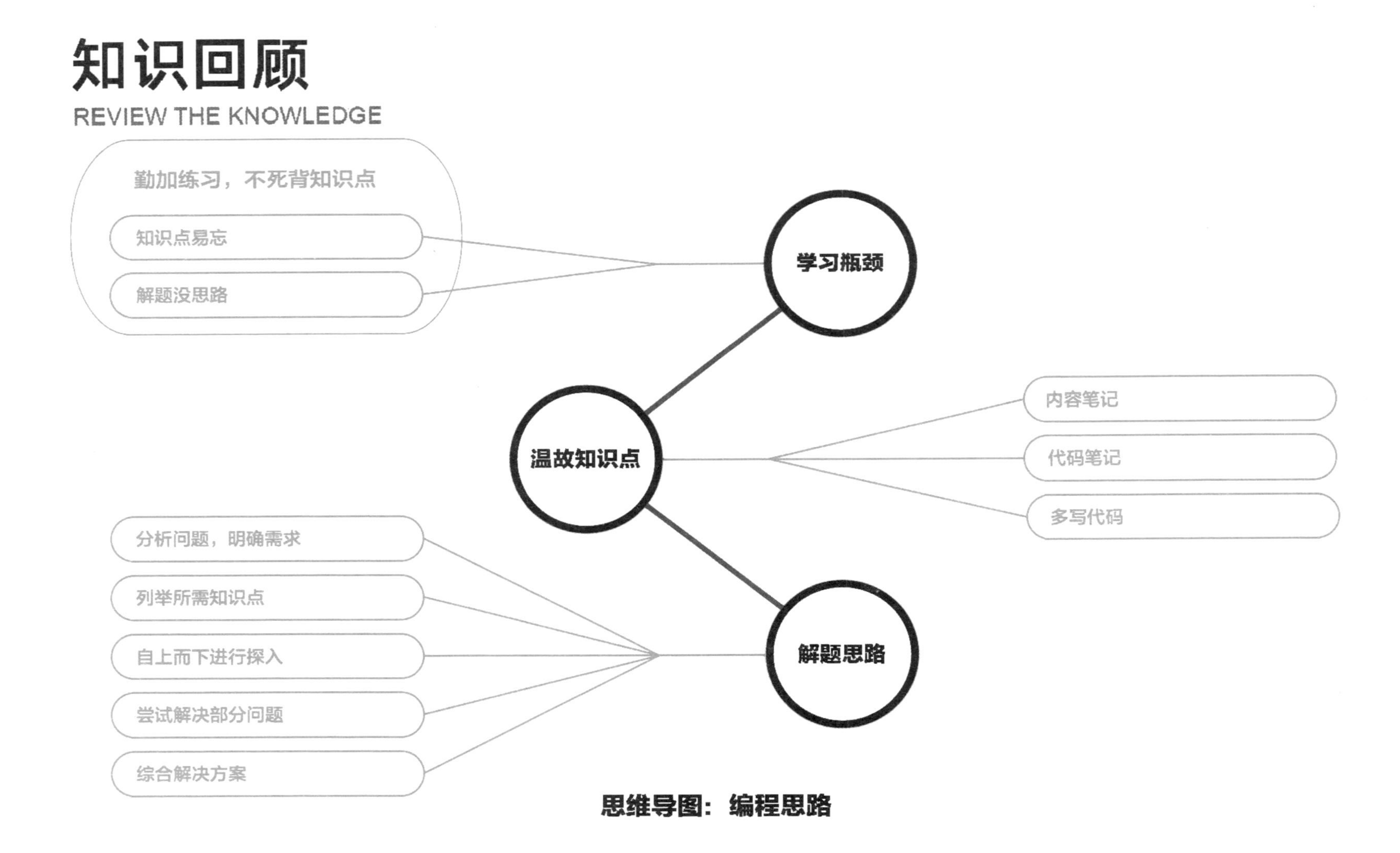

思维导图：编程思路

知识拓展

知识拓展 01

例题 1：以下选项中，哪个选项能够输出 www. kaikeba. com？________

A. print("www", "kaikeba", "com")

B. print("www", "kaikeba", "com", sep=".")

C. print("www", "kaikeba", "com", end=".")

D. print("www", "kaikeba", "com", flush=".")

答案：B

解析：

A 选项 print("www", "kaikeba", "com")，打印出来结果是 www kaikeba com，没有“.”符号。

C 选项 print("www", "kaikeba", "com", end=".")，打印出来结果是 www kaikeba com.，只在最后有一个“.”符号。

D 选项 print("www", "kaikeba", "com", flush=".")，打印出来结果是 www kaikeba com，没有“.”符号。

B 选项 print("www", "kaikeba", "com", sep="."), sep="." 作为间隔符号，会在 www、kaikeba、com 之间加上“.”符号，打印出来结果是 www. kaikeba. com。

拓展：

Python 语言中，print() 函数可以支持很多参数，具体格式为：print(*objects, sep=' ', end='\n')。

objects—对象，表示可以一次打印多个对象，输出多个对象时，需要用“,”分隔。

sep—间隔符，用来间隔多个对象，默认是空格。

end—结束符，用来设定以什么结尾，默认值是换行符 \n，可以换成其他字符串。

知识拓展 02

例题 2：如何将列表 list_a = ['Audi', 'BMW', 'Benz'] 中所有元素的字母都变成大写？________

A. list_a.lower()

B. list_a.upper()

C. list_a = [s.upper() for s in list_a]

D. list_a = [s.lower() for s in list_a]

答案：C

解析：

这个例题中，需要将 list_a 中的每个元素的字母都变成大写。

英文字母变大写需要使用 upper() 方法，而 lower() 方法是变为小写的，排除 A 与 D。

我们需要对列表中的每一个元素进行操作，使用列表生成式进行，选项 C 正确。

拓展：

列表生成式是 Python 内置的非常简单且强大的工具，可以用来创建列表的生成式。

举例 1：生成列表 [1, 2, 3, 4, 5, 6, 7, 8, 9, 10]。

```
list(range(1, 11))
```

举例 2：生成列表 [1x1, 2x2, 3x3, ..., 10x10] 用循环来做，代码如下。

```
L = []
for x in range(1, 11):
    L.append(x * x)
```

我们看看 Python 中“优雅”的做法是怎样的：用列表生成式，使用一行语句代替上面的循环。

```
[x * x for x in range(1, 11)]
```

写列表生成式时，把要生成的元素 x * x 放到前面，后面跟 for 循环，就可以把列表创建出来，十分有用。多写几次，很快就可以熟悉这种语法。

知识拓展 03

例题 3：编写 Python 程序，去除列表 [1, 3, 5, 5, 3, 2] 中重复的数字，输出结果如下。

```
[1, 2, 3, 5]
```

答案：

```
# 去除前的列表
list_a = [1, 3, 5, 5, 3, 2]
# 将列表转换成集合
set_a = set(list_a)
```

```
# 将集合转换成列表
list_b= list(set_a)
# 输出转换后的列表
print(list_b)
```

解析：

这道编程题使用了 Python 中的另一种数据结构 set（集合），列表中重复的元素在 set 中会被自动去除。

第一句：list_a = [1, 3, 5, 5, 3, 2] 初始化整个列表。

第二句：set_a = set(list_a) 将列表 list_a 转换成集合 set_a，它的数据如下。

```
{1, 2, 3, 5}
```

已经将重复的元素去除，但是数据类型变成了集合类型。

第三句：list_b = list(set_a) 将集合 set_a 转换成列表 list_b，它的数据如下。

```
[1, 2, 3, 5]
```

知识练习

练习 1：以下 Python 语句返回的值为________。

```
pow(2, 10)
```

A. 210

B. 20

C. 1024

练习 2：以下 Python 代码片段最终打印结果为________。

```
x = 2
x+= 1
print(x)
```

A. 3

B. 2

C. 1

练习 3：编写程序过程中，形成思路的第一步是________。

A. 分析问题

B. 自上而下探入

C. 完成代码

练习4：有一个小球从 50 m 高的地方自由落下，每次落地后反弹回上一次下落时高度的 50%，求：它在第 10 次落地时，共经过多少 m 的距离，第 10 次反弹到多高的位置？

练习5：公司发放的提成，需要根据业绩进行计算。编写 Python 程序，输入某个销售的业绩，根据规则求销售的提成。具体提成规则如下。

业绩低于或等于 10 万元时，提成为 3%。

业绩高于 10 万元，低于或等于 20 万元时，所有业绩按 5% 提成。

业绩高于 20 万元，低于或等于 40 万元时，所有业绩按 8% 提成。

业绩高于 40 万元时，所有业绩按 10% 提成。

答案解析

练习 1 答案：C

Python 中，pow(x, y) 是用于计算 x 的 y 次方的函数，题目的意思是求 2 的 10 次方，结果是 1024，选择 C。

练习 2 答案：A

x = 2，就是给 x 赋初值 2。

x += 1 等价于 x = x + 1，那么 x = 2 + 1，x 的最终结果为 3。

选 A 选项。

练习 3 答案：A

编程思路第一步就是“分析问题，明确需求”，选择 A。

练习 4 答案：

输出结果如下。

小球在第 10 次落地时，共经过 149.805 m。

小球在第 10 次反弹 0.049 m。

第一种解法。

```
# 定义初始高度
height = 50
# 定义第一次反弹高度
height_rebound = height * 0.5
# 进入多次反弹
for i in range(2, 11):
```

```
    #第 10 次落地时共经过的距离
    height = height + 2 * height_rebound
    #第 10 次反弹的高度
    height_rebound = height_rebound * 0.5
print("小球在第 10 次落地时,共经过 %5.5f m" % height)
print("小球在第 10 次反弹 %5.3f m" % height_rebound)
```

解析:

分析问题，明确需求。

在第 10 次落地时，共经过多少 m 的距离。思路：第 10 次落地实际上只弹起了 9 次，所以距离为 $InitHeight + 2 \times \sum_{i=1}^{9} Height_i$。

第 10 次反弹到多高的位置。思路：$InitHeight \times 0.5^{10}$。

可以做一个循环，每次循环将弹起的距离乘以 0.5，一共循环 10 次。

列举所需知识点：

小球反弹高度的运算。

小球反弹 10 次的循环。

小球反弹高度与走过距离的运算。

输出结果 print( )。

第二种解法。

```
#定义初始高度
init_height = 50
#定义反弹高度
rebound_ratio = 0.5
distance_traveled = 0
#生成前 10 次弹起的高度的数据
rebound_height_list = [init_height * pow(0.5, p) for
                       p in range(1, 11)]
#它在第 10 次落地时,共经过多少 m 的距离
distance_traveled =
    init_height + 2 * sum(
    rebound_height_list[0: -1])
print('小球在第 10 次落地时,共经过 %5.3f m' % distance_traveled)
#第 10 次反弹到多高的位置
print('小球在第 10 次反弹 %5.3f m' % (rebound_height_list[-1]))
```

拓展：

第二种解题方法也是采用了先计算所有需要的数据，然后再进行结果输出的方式。

利用列表生成器，生成前 10 次弹起的高度，再计算总距离。

练习 5 答案：

```
# 获取用户输入的业绩
sales_revenue = float(input("请输入业绩:"))
# 业绩区间点数据
sales_range = [0, 100000, 200000, 400000]
# 提成比例区间数据
performance_rate = [0.03, 0.05, 0.08, 0.10]
# 提成
bonus = 0.0
# 进入计算
performance_index = 0
# 判断业绩的范围
while performance_index < len(performance_rate):
    if sales_revenue > sales_range[performance_index]:
        performance_index += 1
    else:
        break

# 提成的计算
bonus = sales_revenue * performance_rate[performance_index - 1]

# 输出结果
print("您的提成有 %.2f 元" % bonus)
```

解析：

分析问题，明确需求，根据用户的业绩来计算提成。

业绩的数据类型为浮点型，精确到小数点后两位是一个比较合理的选择。

列举所需知识点：

获取用户输入的业绩 input( )。

定义业绩区间点、提成比例区间所需要的数据。

通过 while 循环找到提成区间。

提成的计算。

用 print( ) 函数输出结果。

扫一扫观看串讲视频

扫码做练习

第 10 课

经营 KFC

知识回顾

REVIEW THE KNOWLEDGE

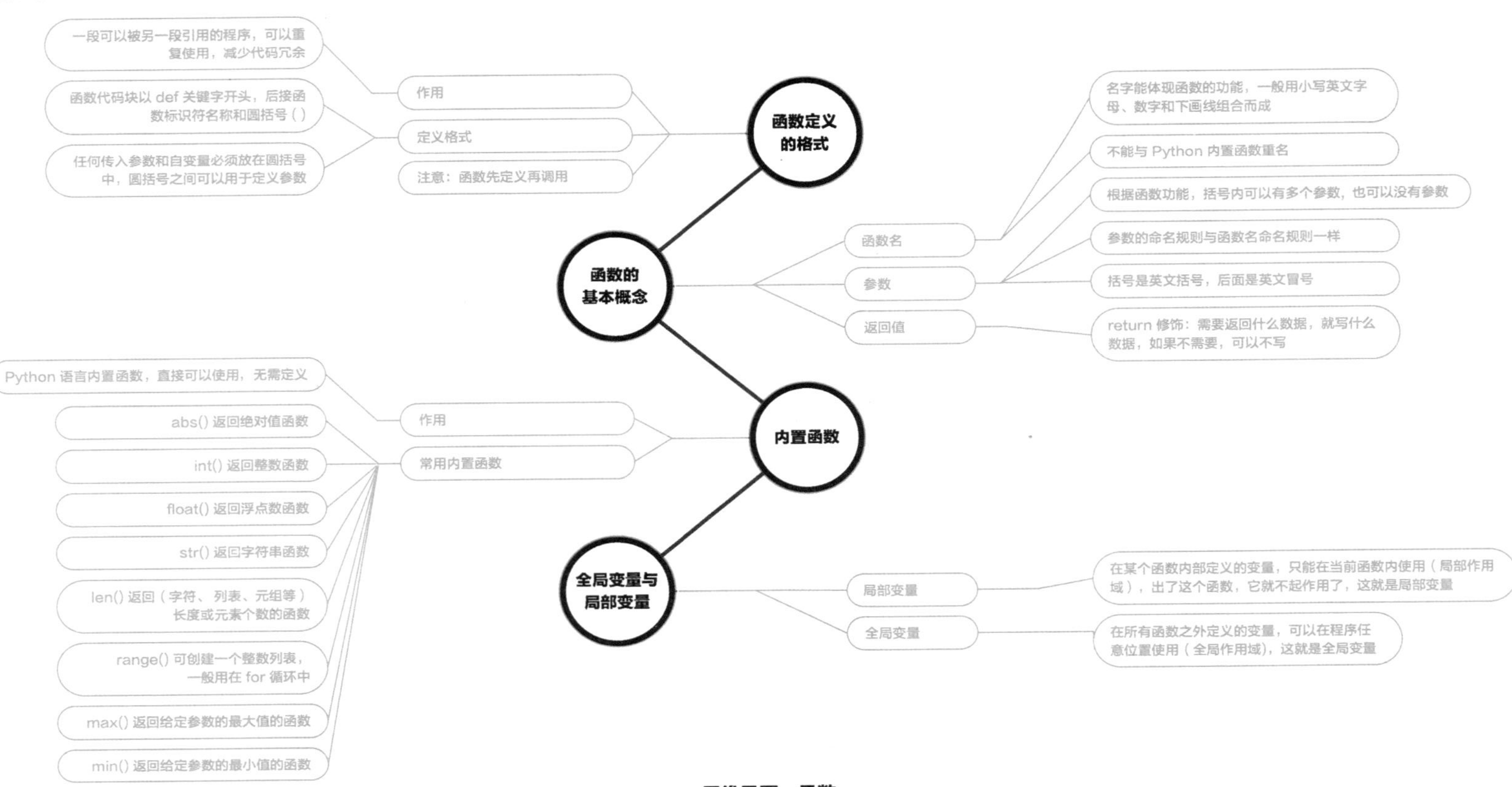

思维导图：函数

知识拓展

知识拓展 01

例题 1： 以下选项，哪个选项对参数的描写是错误的？________

A. 默认参数可以放在位置参数前面

B. 在函数调用时可以使用位置传参与关键字传参两种方式

C. 函数是可以没有参数的

D. 在不确定需要传递多少个参数时，我们可以用不定长参数来解决

答案： A

解析：

默认参数必须放在位置参数之后，如果放在之前，我们遵循位置参数的传递规则，首先传入参数时会覆盖默认参数的默认值，导致无法正常使用默认值，因此只有默认参数放在位置参数后，才可以灵活运用默认参数。

拓展：

除了位置传参方式外，还可以使用关键字传参方式，关键字传参方式可以不必考虑传参时参数的位置，同样可以传递参数的值，代码如下。

```
def my_func(a, b, c):
    print(a, b, c)
# 关键字传参方式
my_func(b=2, a=1, c=3)
# 输出为 1 2 3
# 关键字参数还可以结合不定长参数来使用,可以使用 "**kwargs" 来定义不定长关键字参数
def my_func(**kwargs):
    print(kwargs)
```

知识拓展 02

例题 2： 下列对返回值描述错误的是________。

A. 返回值可以是一个变量

B. 返回值不可以是一个函数

C. 一个函数可以有多个返回值

D. 函数可以没有返回值

答案： B

解析：

函数的返回值可以是一个函数是正确的。

拓展：

返回值可以是一个变量、一个公式，甚至是一个函数。

只要是符合 Python 语法的表达式，都可以作为一个返回值。

可以用以下代码来学习一下，函数作为返回值是怎样使用的。

```
# 定义了 my_func 外部函数
def my_func():
    # 定义了嵌套函数 in_func,功能是打印传递的参数
    def in_func(a,b):
        print(a,b)
    # 将 in_func 作为返回值传递给函数调用处,
    # 这里需要注意的是缩进格式,要和 in_func 函数对齐,
    # 否则 in_func 函数将作为自己本身函数的返回值,
    # 导致递归,死循环
    return in_func
# 调用 my_func 函数,my_func 函数有返回值并且返回值是 in_func,
# 用 result 来承接。注意:这里的 result 就是 in_func 函数
result = my_func()
# 调用 result 函数就是调用 in_func 函数,
# in_func 函数需要参数,所以调用函数时需要传递参数
result(1, 2)
```

数据结果为：1 2。

知识拓展 03

例题 3： 使用匿名函数，对传递的参数进行奇偶判断。

答案：

```
new_func = lambda num: True if num % 2 == 0 else False
result = new_func(1)
print(result)
```

解析：

为了完成该编程题，我们需要了解什么是匿名函数。匿名函数顾名思义就是没有名字的函数，使用 lambda 关键字修饰的函数就是匿名函数，匿名函数只适合做一些简单的事情，并且返回值不需要使用 return。例如：完成一个将两个参数求和的简单功能，就可以使用匿名函数。

```
result = (lambda x, y: x+y)(1,2)
```

我们可以分两部分来看匿名函数。

前部分就是匿名函数的定义：x、y 可以看作形式参数，而 x + y 可以看作函数实现的功能。

后部分的（1，2）可以看作函数的调用。

加上 lambda 关键词，一个简单的匿名函数就实现了。匿名函数定义好以后，用 result 来承接匿名函数的返回值。

我们再来看本例题的实现方法，如何使用匿名函数进行奇偶判断。判断需要用 if 语句来实现，匿名函数也是可以使用判断语句的，我们下面拆分一下答案。

lambda 修饰 num 是需要传递到函数中的参数。

判断传递的 num 是奇数还是偶数，返回 True 代表是偶数，返回 False 代表是奇数。

那么后面的表达式 if num % 2 == 0 就是判断 num 是否为偶数的具体代码，如果满足则返回 True，否则执行 else 返回 False。

这样就写好了一个匿名函数，更加简洁地实现了功能。

知识练习

练习 1：以下代码片段最终输出结果为________。

```
def sum(*args):
    x = 0
    for i in args:
        x += i
    return x
result = sum(1, 2, 3, 4)
print(result)
```

A. 15

B. 25

C. 10

D. 35

练习 2：下列对函数描述正确的是________。

A. 函数名可以使用中文

B. 函数可以有多个参数

C. 返回值只能返回一个值

D. min( ) 函数的功能是求最小值

练习 3：代码 abs(-3) 的结果是________。

A. -3

B. 3

C. -9

D. 15

练习 4：编写一个函数，输入不确定个数的数字，返回所有数字的和与乘积。

练习 5：编写一个函数，可以输入多个正整数，只把其中的奇数筛选出来并以列表形式返回。

答案解析

练习 1 答案：C

sum( )函数是求和函数，函数内将传递进来的不定参数进行遍历，取出每一个值并进行相加；调用时传递的参数为 1、2、3、4，因此 1 + 2 + 3 + 4 = 10。

选择 C 选项。

练习 2 答案：B、D

选项 A 不符合函数的命名规则，函数名只能使用英文、数字、下画线。

选项 B 函数可以有多个参数，也可以支持不定参数，正确。

选项 C 错误是因为返回值是可以有多个的。

选项 D 中的 min( ) 函数是系统内置函数，功能是找出最小值并返回，正确。

练习 3 答案：B

abs( ) 函数是 Python 内置函数，功能是取绝对值。-3 的绝对值为 3，因此选 C 选项。

练习 4 答案：

```
def sum_product(*args):
    s= 0
    p= 1
```

```
    for i in args:
        s+= i
        p * = i
    return s, p

s, p= sum_product(2, 2, 3)
print(s, p)
```

解析：

定义一个名为 sum_product( ) 函数，功能为计算所有传入参数的和与乘积。

因为参数个数不确定，所以使用了不定长位置参数 *args。

函数体里面，s 与 p 变量的作用为承接和与乘积。

因为要使用到 args 中的每一个参数，所以需要遍历不定长 args。

取出每一个参数之后，分别进行和的操作 s += i，乘积的操作 p * = i。

返回 s，p。

因为 sum_product( ) 函数的返回值有两个，所以调用该函数时也需要两个变量来承接返回结果。

最终求出和的值为 2 + 2 + 3 = 7，乘积的值为 2 * 2 * 3 = 12。

练习 5 答案：

```
# 定义函数 odd_filter,可变参数 args
def odd_filter(*args):
    # 带返回的列表数据
    result= []
    # 遍历所有参数
    for i in args:
        # 奇数判断
        if i % 2 != 0:
            # 放入到结果列表中
            result.append(i)
    return result

# 调用函数
print(odd_filter(1, 3, 5, 4, 2, 10))

# 程序输出
# [1, 3, 5]
```

解析：

首先需要定义一个函数 odd_filter( )，因不确定外部传入参数的个数，故使用 *args 进行参数声明。

函数内部需要对接收到的参数进行遍历，把奇数筛选出来，通过 i % 2 != 0 来判断是否是奇数。

通过 append( ) 将奇数添加到 result 列表中。

在使用 odd_filter( ) 函数时，接收多少个参数都可以，例如 odd_filter(1,3,5,4,2,10)。

扫一扫观看串讲视频

扫码做练习

第 11 课

闪电快递

知识回顾

REVIEW THE KNOWLEDGE

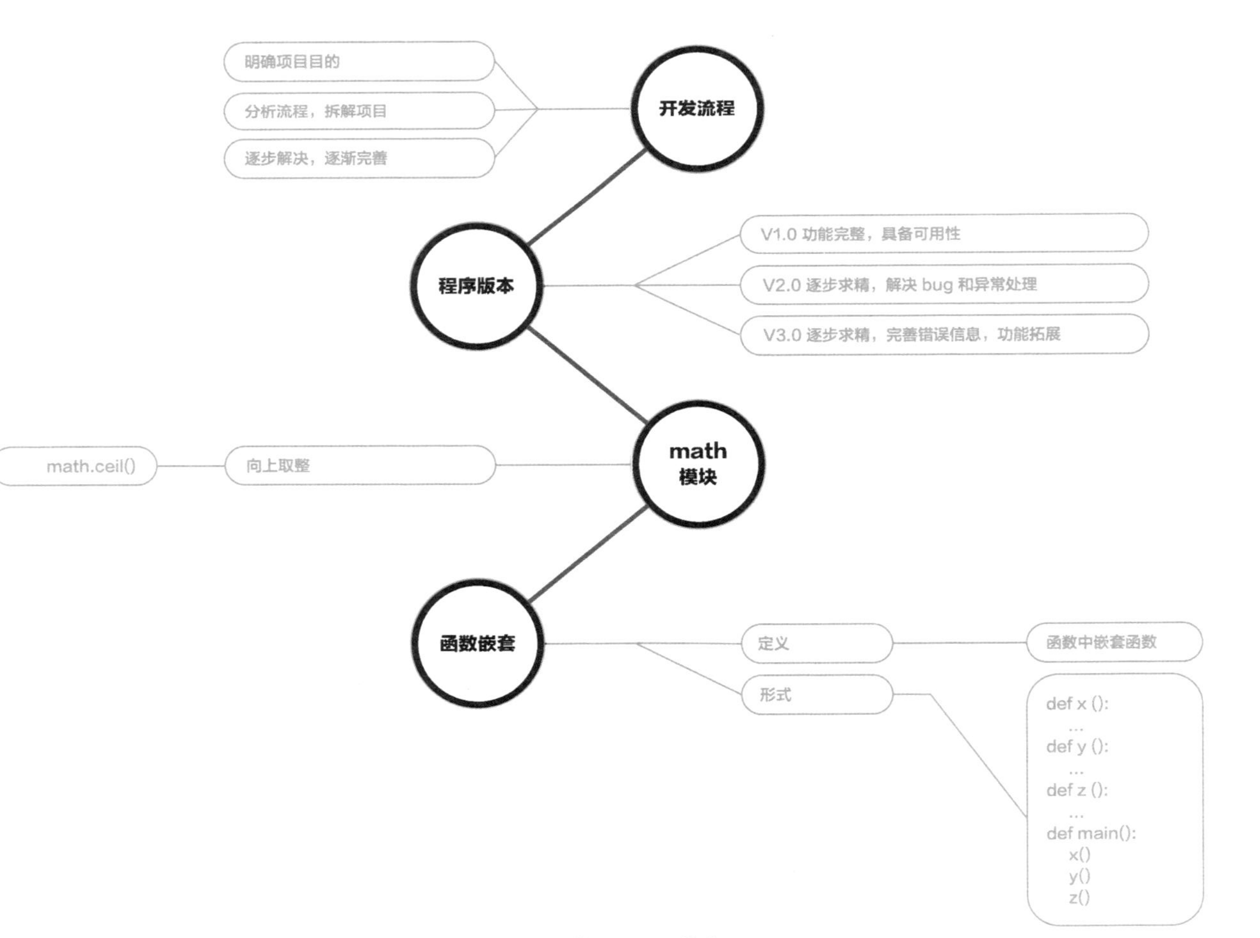

思维导图：函数应用

知识拓展

知识拓展 01

例题 1：以下选项中，哪个方法能够使得 x = 13.76、y = 14.1 都能转换为整数 14 ？
______

A. math. ceil( )

B. math. floor( )

C. math. round( )

D. round( )

答案：D

解析：

选项 A 中 math. ceil( )函数的结果分别为 14、15。

选项 B 中 math. floor( )函数的结果分别为 13、14。

选项 C 中描述的函数 math. round( )不存在，math 模块库里没有 math. round( )函数。

选项 D 正确，round( )是 Python 的内置函数，功能是四舍五入。

拓展：

Python 中的 math 库给我们提供了大量的数学函数。

math. floor( )：向下取整，返回数字的下舍整数。无论小数部分是 0. 1 还是 0. 9，都会舍去小数部分，只保留整数部分。

math. ceil( )：向上取整，返回上入整数。无论小数部分是 0. 1 还是 0. 9，都会上入小数部分，向上凑整。

round( )为四舍五入函数。

试着运行下面的代码，增强学习吧。

```
import math
x = 13.76
y = 14.1
print(round(x), round(y))
print(math.ceil(x), math.ceil(y))
print(math.floor(x), math.floor(y))
print(math.round(x), math.round(y))
```

知识拓展 02

例题 2：以下代码运行的结果是________。

```
num = 100
def fun():
    num = 200
    print("函数里面 ", num)
fun()
print("函数外面 ", num)
```

A. 函数里面 200，函数外面 100
B. 函数里面 100，函数外面 200
C. 函数里面 100，函数外面 100
D. 函数里面 200，函数外面 200

答案：A

解析：

代码执行时，fun()函数中，局部变量 num 的值是 200。

在函数内部 print("函数里面 ", num)打印的结果是 200。

在函数外面 print("函数外面 ", num)打印的是全局变量 num = 100 的值，打印的结果是 100。

因此选择 A 选项。

拓展：

在 Python 程序中，所有的变量并不是在哪个位置都可以访问的，它们有作用域的区分。

至于如何访问，取决于变量的位置。变量的位置决定变量的作用域，变量的作用域决定变量在哪个位置起作用。

因此，我们可以将变量分为：

- 全局变量
- 局部变量

在函数外面定义的变量，叫作全局变量，拥有全局作用域。

在函数内部定义的变量，叫作局部变量，拥有局部作用域。

局部变量只能在函数内部使用，而全局变量可以在整个程序范围内访问。

当全局变量与局部变量重名时，在函数内部，Python 会优先使用局部变量。

```
num = 100
sum = 1000
```

```
# 函数内
def func():
    num = 200
    print("局部变量 num ", num)
    # 虽然在函数内部打印,但 sum 是在函数外面赋值,
    # sum 是全局变量,函数内部也没有与 sum 重名的变量,
    # 因此函数内部调用 sum 的值也是 1000
    print("全局变量 sum ", sum)
func()
print("全局变量 num ", num)
print("全局变量 sum ", sum)
# 输出结果:
局部变量 num  200
全局变量 sum  1000
全局变量 num  100
全局变量 sum  1000
```

知识拓展 03

例题 3：编写 Python 程序，求 5 的阶乘（5! = 5 x 4 x 3 x 2 x 1）。

答案：

```
def fact(n):
    return fact_iter(n, 1)
def fact_iter(num, product):
    if num == 1:
        return product
    return fact_iter(num - 1, num * product)
fact(5)
```

解析：

```
5! = 5 x 4 x 3 x 2 x 1 = 5 x 4!
4! = 4 x 3 x 2 x 1 = 4 x 3!
3! = 3 x 2 x 1 = 3 x 2!
2! = 2 x 1 = 2 x 1!
1! = 1
```

通过上述过程，编写一个求阶乘的函数 fact( )，括号内传入所求的阶乘数。

当计算 fact(5)时，可以根据函数定义看到计算过程如下。

```
===> fact(5)
===> 5 * fact(4)
===> 5 * (4 * fact(3))
===> 5 * (4 * (3 * fact(2)))
===> 5 * (4 * (3 * (2 * fact(1))))
===> 5 * (4 * (3 * (2 * 1)))
===> 5 * (4 * (3 * 2))
===> 5 * (4 * 6)
===> 5 * 24
===> 120
```

观察上面过程，函数 fact( )在不断地调用它自身。

如果一个函数在内部调用自身，这个函数就是递归函数。

fact(n)可以表示为 n * fact(n - 1)，只有 n = 1 时需要特殊处理。

```
def fact(n):
    if n ==1:
        return 1
    return n * fact(n - 1)
```

递归优化，防止递归函数栈（stack）溢出。

递归函数的优点是定义简单，逻辑清晰。理论上，所有的递归函数都可以写成循环的方式，但循环的逻辑不如递归清晰。使用递归函数需要注意防止栈溢出。在计算机中，函数调用是通过栈这种数据结构实现的。每当进入一个函数调用，栈就会加一层栈帧；每当函数返回时，栈就会减一层栈帧。由于栈的大小不是无限的，所以，递归调用的次数过多，会导致栈溢出。

解决递归调用栈溢出的方法是通过尾递归优化。事实上尾递归和循环的效果是一样的，所以，把循环看成是一种特殊的尾递归函数也是可以的。

尾递归是指在函数返回的时候，调用自身，并且 return 语句不能包含表达式。这样，编译器或者解释器就可以把尾递归做优化，使递归自身无论调用多少次，都只占用一个栈帧，不会出现栈溢出的情况。

上面的 fact(n)函数，由于 return n * fact(n - 1)引入了乘法表达式，所以就不是尾递归了，要改成尾递归方式，需要多一点代码，主要是把每一步的乘积传入到递归函数内。

```
def fact(n):
    return fact_iter(n, 1)

def fact_iter(num, product):
    if num == 1:
        return product
return fact_iter(num - 1, num * product)
```

可以看到，return fact_iter(num - 1, num * product)仅返回递归函数本身，num - 1 和 num * product 在函数调用前就会被计算，不影响函数调用过程。

fact(5)对应的 fact_iter(5, 1)的调用如下。

```
===> fact_iter(5, 1)
===> fact_iter(4, 5)
===> fact_iter(3, 20)
===> fact_iter(2, 60)
===> fact_iter(1, 120)
===> 120
```

尾递归调用时，如果做了优化，栈不会增长。因此，无论调用多少次也不会导致栈溢出。

知识练习

练习 1：Python 中如何调用 main( )函数的文档说明？________

A. main. __doc__

B. main. __dict__

C. main. doc

练习 2：阅读以下代码，正确的输出结果是________。

```
def sum_func(*args):
    sm = 0
    for i in args:
        sm += i
    return sm
print(sum_func(1, 2, 3, 4, 5))
```

A. 报错

B. 无输出

C. 15

练习 3：函数定义的关键字是________。

A. def

B. del

C. det

练习 4：使用 Python 编写一个计算器函数，用户可以传入两个数字及相应的运算符（加、减、乘、除），实现两个数字的四则运算功能。

练习 5：使用 Python 编写程序，完成以下计算。

输入 n 为偶数时，调用函数求：

$$\frac{1}{2}+\frac{1}{4}+...+\frac{1}{n}$$

输入 n 为奇数时，调用函数求：

$$\frac{1}{1}+\frac{1}{3}+...+\frac{1}{n}$$

答案解析

练习 1 答案：A

函数的注释说明被保存在 __doc__ 属性中；

使用 mian. __doc__ 可以查看函数的说明。代码如下。

```
def main():
    '''
    #关于函数的信息
    '''
    pass
print(main.__doc__)
```

练习 2 答案：C

函数 sum_func(*args)通过 *args 接收传入函数中的所有参数，sum_func(1，2，3，4，5)函数运行时，将 1、2、3、4、5 传给 *args。

在函数内部，*args 会依次通过 for i in args，将 1、2、3、4、5 数字赋值给 i，sm += i 即为 1 + 2 + 3 + 4 + 5 的和，结果为 15，选择 C 选项。

练习3答案：A

函数的定义关键字是 def。

练习4答案：

第一种解法。

```
# 定义计算方法
def cal_func(x, y, op):
    res = 0
    if op == "+":
        res = x + y
    elif op == "-":
        res = x - y
    elif op == "*":
        res = x * y
    elif op == "/":
        res = x/y
    else:
        res = "输入的运算符不正确!"
    return res
# 获取用户输入内容
argx = int(input("请输入第一个数字:"))
argy = int(input("请输入第二个数字:"))
operator = input("请输入计算的形式(+、-、* 、/):")
# 进行计算,显示结果
result = cal_func(argx, argy, operator)
print(result)
```

解析：

本题首先需要定义函数，在函数中接收三个参数：两个用于计算的数字，一个运算符号。

在函数内部需要根据运算符号来判断用户所需要进行的运算，并将计算结果赋值给 res。最后通过 return 将 res 传递出去。

用户在输入数字时，程序对数字进行取整操作，int(input("......"))。

最后，将获取的数据作为函数参数传递到函数中，调用方法即可。

第二种解法。

```
def cal_func(x, y, op):
    cal_func_list = [lambda x, y: x + y]
```

```
operators = ['+','-','*','/']
cal_func_list = [lambda x, y: x + y,
                 lambda x, y: x - y,
                 lambda x, y: x * y,
                 lambda x, y: x /y]
# 获取用户输入内容
argx = int(input("请输入第一个数字:"))
argy = int(input("请输入第二个数字:"))
operator = input("请输入计算的形式(+、-、* 、/):")
index = operators.index(operator)
cal_func_list[index](argx, argy)
```

拓展:

第二种方法使用了 Python 中的匿名函数，把函数当作数据进行管理，让代码变得更加整洁，可维护性增强。

练习 5 答案:

```
# 定义偶数的函数,sum(1/2 + 1/4 + … + 1/n)
def peven(n):
    s = 0.0
    for i in range(2, n + 1, 2):
        s += 1.0 /i
    return s
# 定义奇数的函数,sum(1/1 + 1/3 + … + 1/n)
def podd(n):
    s = 0.0
    for i in range(1, n + 1, 2):
        s += 1.0 /i
    return s

# 判断输入的是奇数还是偶数,根据判断调用不同的函数
result = input("请输入一个整数:\n")
n = int(result)
# n 如果为偶数调用偶数的函数,如果为奇数调用奇数的函数
if n % 2 == 0:
    print(peven(n))
else:
    print(podd(n))
```

解析：

我们先来分析一下题目要求，题目需要根据输入的数字 n 的奇偶来完成不同的计算。

那么，可以根据需求来定义两个函数以完成相应功能。

- 当 n 为偶数时，创建一个完成偶数情况下的计算函数 peven()。
- 当 n 为奇数时，同理创建一个完成奇数情况下的计算函数 podd()。

peven()函数是 n 为偶数时的计算函数，来看一下 peven()的内部实现。

- 因为在 peven()函数里我们要计算的是 1/2 + 1/4 + … + 1/n，可能会出现小数，所以我们定义了变量 s 来承接计算结果。
- 变量 s 定义的数据类型为浮点型。
- 语句 for i in range(2, n + 1, 2)用来迭代计算最终结果，range()用来控制遍历的长度，从 2 开始遍历，range()的特点为最后一个值不遍历，所以我们使用 n + 1 来控制长度，并采用步长为 2 来完成循环，每次循环 s += 1.0/i，这样就可以实现题目的功能了。

podd()函数是 n 为奇数时的计算函数，内部实现与 penven()函数大同小异，唯一不同的就是语句 for i in range(1, n + 1, 2)，从 1 开始遍历，这里就不再赘述。

我们现在完成最后的功能，需要根据传入数据 n 的奇偶分别调用不同功能的函数。

语句 result = input("请输入一个整数:\n")用来承接用户的输入值，将用户输入的数据强制转换为整型 n = int(result)。

接下来的语句 if n % 2 == 0 判断用户输入的值是偶数还是奇数。

- 条件为 True 时是偶数，调用 peven()函数求出公式（1/2 + 1/4 + … + 1/n)的值。
- 条件为 False 时是奇数，调用 podd()函数求出公式（1/1 + 1/3 + … + 1/n)的值。

扫一扫观看串讲视频

扫码做练习

第12课

雍正专治 bug

知识回顾

REVIEW THE KNOWLEDGE

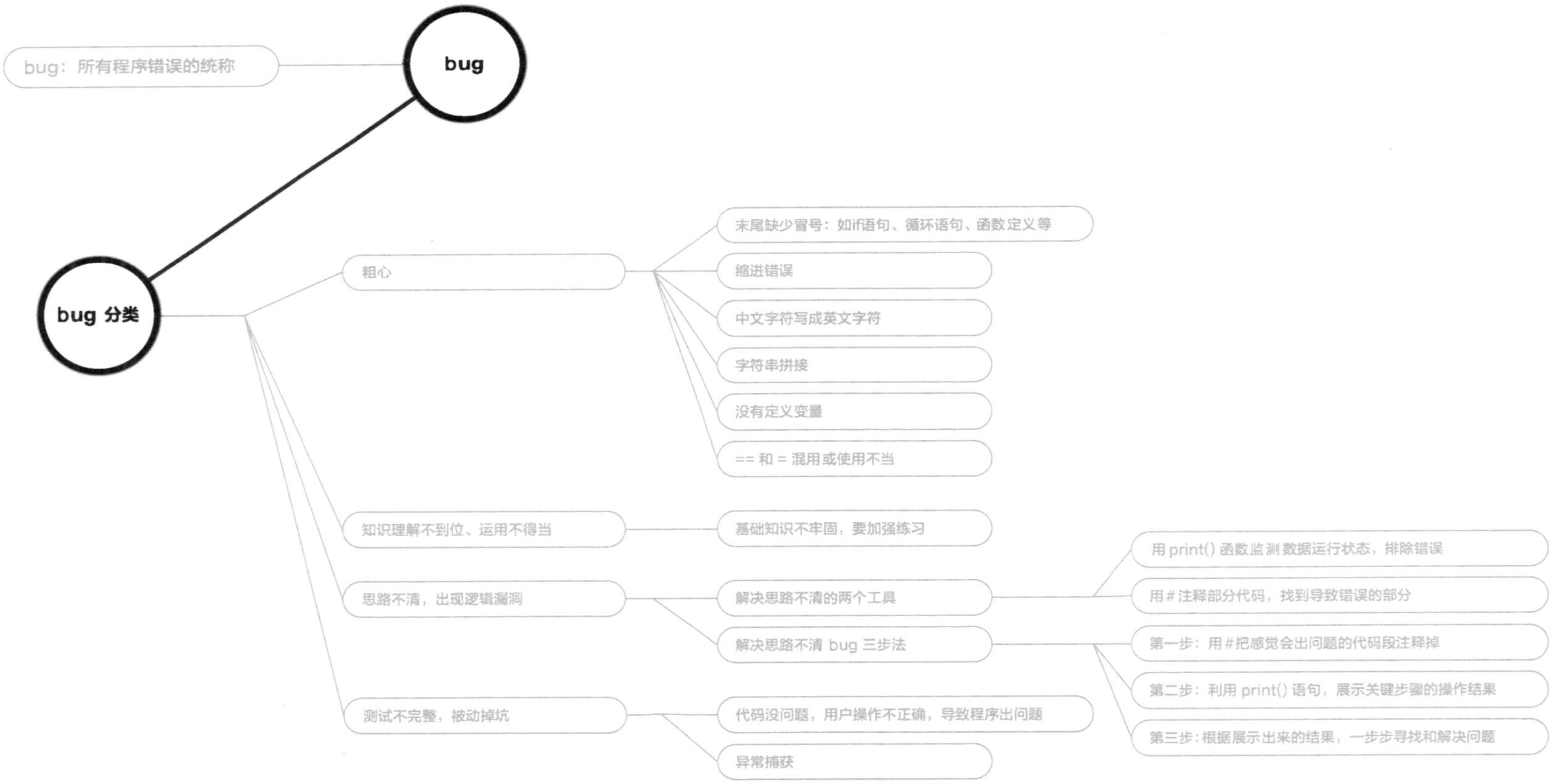

- bug
  - bug：所有程序错误的统称
- bug 分类
  - 粗心
    - 末尾缺少冒号：如if语句、循环语句、函数定义等
    - 缩进错误
    - 中文字符写成英文字符
    - 字符串拼接
    - 没有定义变量
    - == 和 = 混用或使用不当
  - 知识理解不到位、运用不得当
    - 基础知识不牢固，要加强练习
  - 思路不清，出现逻辑漏洞
    - 解决思路不清的两个工具
      - 用 print() 函数监测数据运行状态，排除错误
      - 用 # 注释部分代码，找到导致错误的部分
    - 解决思路不清 bug 三步法
      - 第一步：用 # 把感觉会出问题的代码段注释掉
      - 第二步：利用 print() 语句，展示关键步骤的操作结果
      - 第三步：根据展示出来的结果，一步步寻找和解决问题
  - 测试不完整，被动掉坑
    - 代码没问题，用户操作不正确，导致程序出问题
    - 异常捕获

思维导图：debug 调试

知识拓展

知识拓展 01

例题 1：以下 Python 代码有 bug，请选出正确描述错误的选项。________

```
while True:
    num = num + 1
    if num == 10:
        return
```

A. 代码关键词拼写错误

B. 忘记冒号，代码结构不完整

C. 缩进不合理，导致逻辑混乱

D. 语法错误，错误的语句使用

答案：D

解析：

执行代码将会报“SyntaxError：'return' outside function”的错误，意思是“语法错误：return 出现在函数外部”，故选择 D 选项。

拓展：

语法错误的提示为 SyntaxError，常见的语法错误类型还有：使用中文字符、使用关键字作标识符等，这些都是初学者常犯的错误，要多加注意。

知识拓展 02

例题 2：下面 Python 代码块的 bug 类型是什么？________

```
def fun():
    print('hello world')
fun
```

A. 缩进不一致

B. 调用函数未使用括号

C. 缺少冒号

D. 引号使用方式有错误

答案：B

解析：

定义一个函数 fun( )，函数功能为打印 hello world 字符串，调用函数没有加括号，出现错误，选择 B 选项。

代码中的 fun 会返回 function main. fun( )。

拓展：

Python 的函数是有特殊功能的对象，而函数调用是用括号来触发的，无论一个函数是否需要参数，必须加上一对括号才能调用。

另外，函数不加括号指的是函数本身。

如果看到了一行代码是这样写的：func( )( )，说明 func( )函数的返回值是一个函数对象，func( )( )是对 func( )返回的函数的再次调用。

知识拓展 03

例题 3：编写一个 Python 的自定义异常类 StringLengthException，当输入一个字符串时，如果该字符串的长度超过 5，则抛出这个自定义异常对象。程序功能如下。

```
try:
    num = input('请输入一个字符串:')
    if len(num) > 5:
        raise StringLengthException(len(num))
except StringLengthException as ex:
    print('有异常出现,异常信息是:% s' % ex)
```

答案：

```
class StringLengthException(Exception):
    def __init__(self, length):
        super(Exception, self).__init__()
        self.length = length
    def __str__(self):
        return '错误[1002]:字符串的长度超过 5'

try:
    num = input('请输入一个字符串:')
```

```
    if len(num) > 5:
        raise StringLengthException(len(num))
except StringLengthException as ex:
    print('有异常出现,异常信息是:% s' % ex)
```

解析：

定义一个异常类 StringLengthException，需要从 Python 中的异常父类 Exception 继承。

实现两个关键的方法：一个是 __init__(self, length)用于初始化异常对象；一个是 __str__(self)用于实现异常对象输出异常信息。

拓展：

什么是异常？Python 使用异常对象来管理程序运行的异常状态，当程序运行遇到错误时，使用 raise 关键词来引发异常。

异常机制能够大幅度地提升程序的可维护性，统一管理程序当中的所有异常，并按照统一的规范记录异常信息，异常管理是在开发大型的项目中必不可少的能力。

异常对象未被处理（或捕获）时，程序将终止并显示错误信息（Traceback），从 Traceback 这个英文单词就不难看出，它有追溯的意思。

Python 中的异常机制可以把异常出现的位置和路径精准地记录下来。例如，有 a()、b()、c()三个函数，a()调用 b()，b()又调用 c()，c()函数中由于某个 bug 导致抛出异常。这时抛出的异常信息中能精确地知道异常是从 c()函数中发起的，并知道这次异常的发起是在 a()→b()→c()这个调用路径下产生的。

```
def a():
    b()
def b():
    c()
def c():
    raise Exception()
a()
```

执行上面的程序，将会产生如下的 Exception Traceback（异常追溯）。

```
---------------------
ExceptionTraceback (most recent call last)
<ipython-input-88-1b6122c5bb1b> in <module>
      8     raise Exception()
      9
---> 10 a()
```

```
<ipython-input-88-1b6122c5bb1b> in a()
      1 def a():
----> 2     b()
      3
      4 def b():
      5     c()

<ipython-input-88-1b6122c5bb1b> in b()
      3
      4 def b():
----> 5     c()
      6
      7 def c():

<ipython-input-88-1b6122c5bb1b> in c()
      6
      7 def c():
----> 8     raise Exception()
      9
     10 a()

Exception:
```

读者能否思考一下，现实生活中有哪些场景和 Python 中的异常管理机制非常相似呢？

抛出异常，使用 raise 语句，并使用异常类作为参数，语法是 raise Exception(AttributeError)。

常见的异常类型如下。

BaseException：所有异常的基类。

SystemExit：解释器请求退出。

KeyboardInterrupt：用户中断执行。

Exception：常规错误的基类。

StopIteration：迭代器没有更多的值。

GeneratorExit：生成器（generator）发生异常来通知退出。

StandardError：所有的内建标准异常的基类。

ArithmeticError：所有数值计算错误的基类。

FloatingPointError：浮点数计算错误。

OverflowError：数值运算超出最大限制。

ZeroDivisionError：除（或取模）零（所有数据类型）。

AssertionError：断言语句失败。

AttributeError：对象没有这个属性。

EOFError：没有内建输入，到达 EOF 标记。

EnvironmentError：操作系统错误的基类。

IOError：输入/输出操作失败。

OSError：操作系统错误。

WindowsError：系统调用失败。

ImportError：导入模块/对象失败。

LookupError：无效数据查询的基类。

IndexError：序列中没有此索引（index）。

KeyError：映射中没有这个键。

MemoryError：内存溢出错误（对于 Python 解释器不是致命的）。

NameError：未声明/初始化对象（没有属性）。

UnboundLocalError：访问未初始化的本地变量。

ReferenceError：弱引用（Weak Reference）试图访问已经垃圾回收了的对象。

RuntimeError：一般的运行时错误。

NotImplementedError：尚未实现的方法。

SyntaxError：Python 语法错误。

IndentationError：缩进错误。

TabError：Tab 和空格混用。

捕获异常类型主要有如下三种。

第一种：try/except。

```
try:
    pass
except XxxError:
    pass
```

第二种：try/except/else。

```
try:
    pass
except XxxError:
    pass
else:
    pass
```

第三种：try/except/finally。

```
try:
    pass
except XxxError:
    pass
finally:
    pass
```

知识练习

练习1：下列哪个异常类型是所有异常对象的父类（基类）？________

A. Exception

B. BaseException

C. ImportError

D. Waring

练习2：ValueError 异常表示怎样的含义？________

A. 内存不足

B. 解释错误

C. 无效参数

D. 缩进错误

练习3：以下代码有几处错误？________

```
str = ['a', 'b', 'c', 'd']
for i in str
print(i)
```

A. 3

B. 2

C. 1

D. 0

练习4：下面是某同学编写的一段 Python 代码，功能是求 1~100 的所有整数的和，请问该学生的代码是否有 bug？如果有，应该怎么修改？

```
sum = 0
a = 1
```

```
while True
    sum = sum + a
    if a == 100:
        break
        a += 1
print(sum)
```

练习5：运用异常处理的知识，用 Python 编写一个计算除法的函数。要求：当除数 b 大于被除数 a 时，抛出异常信息“除数 b 不能大于被除数 a”。

答案解析

练习 1 答案：B

系统定义的异常中，BaseException 是所有异常对象的父类，选择 B 选项。

练习 2 答案：C

MemoryError 是内存不足。

SyntaxError 是语法错误。

ValueError 是无效参数。

IndentationError 是缩进错误。

因此，选择 C 选项。

练习 3 答案：B

第一处错误是：for 循环缺少冒号。

第二处错误是：print( ) 函数没有进行缩进。

选择 B 选项。

练习 4 答案：存在 bug

解析：

第一处错误是：while 循环处，忘记写冒号。

第二处错误是：变量 a 自增处代码没有按规定缩进，所以不能执行出预期结果。

修改后的代码如下。

```
sum = 0
a = 1
while True:
    sum = sum + a
    if a == 100:
```

```
        break
    a+= 1
print(sum)
```

练习 5 答案：

```
def division(a, b):
    try:
        if b > a:
            raise BaseException('除数 {} 不能大于被除数 {}'.format(b, a))
        else:
            print(a /b)
    except BaseException as result :
        print(result)

x = int(input('请输入第一个整数(被除数):'))
y = int(input('请输入第二个整数(除数):'))

division(x, y)
```

解析：

定义一个函数 division( )，函数功能为：只有当输入的除数小于被除数时才可以执行，否则抛出异常。

如果 b > a，则抛出异常“除数 b 不能大于被除数 a”，否则计算 a/b 的值并打印出来。

两个整数从键盘输入。

扫一扫观看串讲视频

扫码做练习

第13课

我们都是音乐人

知识回顾

REVIEW THE KNOWLEDGE

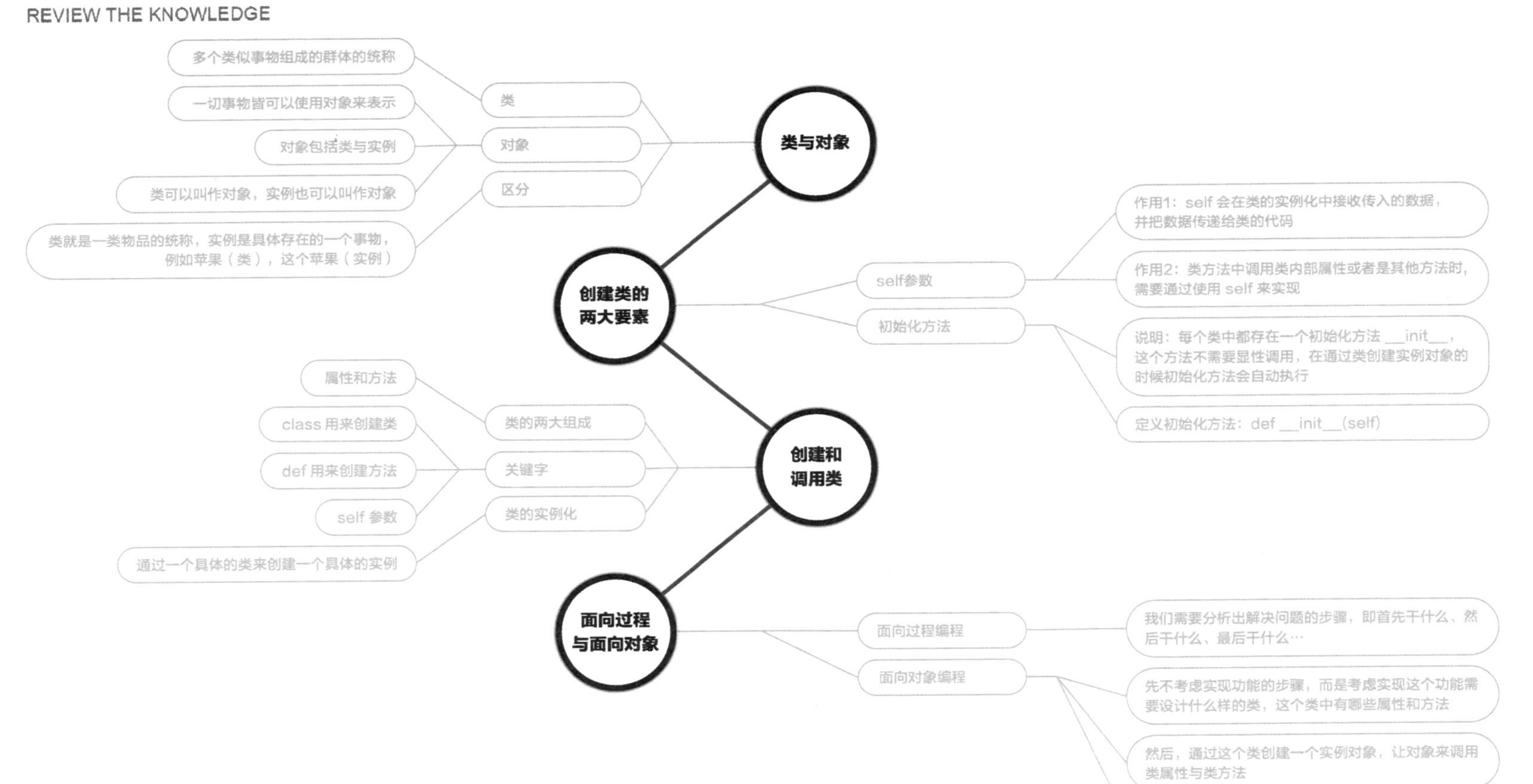

思维导图：面向对象编程、类

知识拓展

知识拓展 01

例题 1：下面哪个关键字是用来声明 Python 中的类的？ ________

A. object

B. def

C. class

D. self

答案：C

解析：

A 选项中 object 是对象的意思，它在 Python 中并不能申明一个类。

B 选项中 def 虽然是 Python 中的关键字，但它是用来声明方法的。

D 选项中 self 是声明类时，作为参数传递当前实例化对象本身的，并不能申明类。

因此，选 C。

拓展：

Python 的关键字一定要注意区分，弄清楚各关键字都是用来干什么的。

常用的关键字有 False、None、True、and、as、assert、break、class、continue、def、del、elif、else、except、finally、for、from、global、if、import、in、is、lambda、nonlocal、not、or、pass、raise、return、try、while、with、yield。

我们先重点了解一些核心关键字的主要功能。

class 是用来定义类的。

def 是用来定义函数或方法的。

for 是用来定义循环语句的。

import 是用来导入模块的，通常和 from 一起使用。

知识拓展 02

例题 2：以下哪种描述符合类与实例的描述？ ________

A. 汽车、电动车

B. 汽车、方向盘

C. 汽车、大众汽车

D. 汽车、小汽车

答案：C

解析：

A 选项，汽车与电动车关系并不是类与实例的关系，因为汽车与电动车是两个不同的类。

B 选项中方向盘并不能看作是汽车类的一个实例，它们之间是一种包含的关系。

D 选项，小汽车与汽车也不是类是实例的关系，小汽车可以看作汽车类的一个子类，它们之间是一种逻辑上的包含关系。

只有 C 选项能满足要求，大众汽车就是汽车的一种，可以看作汽车类的一个实例。

拓展：

关于类与实例之间的关系，我们在辨别时一定要清楚哪个是一类事物的统称，哪个是某个类中具体的一个实例；

类就好像是产生对象的工厂，每次调用类时，就会产生一个独立的新实例。

类是抽象的概念，而对象实例是一个具体的存在。例子如下。

- 汽车是一类交通工具，而你家的那辆车是一个具体的实例。
- 钢琴是一类乐器，而郎朗在春晚上弹的那台钢琴是一个具体的实例。

类也是对事物的高度概括和抽象，抽取一类事物的共性，尽量去除不同个体之间的差异，而个体上差异化的特点留给对象去体现，再举个例子。

在现实的应用中，我们用 Employee 类来描述员工的各种属性和可以被调用的方法。

员工有很多共同的属性，例如薪资、身份证号、性别等，也有很多共同的可被调用的方法，例如加班、写代码、开会等。

通过这个类，我们就可以产生 Employee 实例，例如有一个员工叫小开。小开是 Employee 类实例化出来的对象实例，比如小开的薪资是 50000/月、身份证号是 110101...0826、性别男等，这些都是类属性的特性。小开加班需要消耗泡面、写代码的时候需要 2 个 27 in 以上的显示器、开会的时候喜欢讨论而占用大家的时间等，这些动作和行为是类方法的特性。

通过这些例子，希望读者能区分类和对象的概念，类是抽象的概括，而对象是鲜活的存在。

知识拓展 03

例题 3：采用面向对象的编程方法编写 Python 程序，实现如下功能。

有一个学生类，包括两个主要的属性：名字和分数，还有一个打印分数的方法。

利用我们刚刚学习的 Python 面向对象的编程方法来完成本程序的设计。

答案：

```
class Student(object):

    def __init__(self, name, score):
        self.name = name
        self.score = score

    def print_score(self):
        print('%s: %s' % (self.name, self.score))

bart = Student('Bart Simpson', 59)
lisa = Student('Lisa Simpson', 87)
bart.print_score()
lisa.print_score()
```

解析：

采用面向对象的程序设计思想，首先思考的不是程序的执行流程，而是 Student 这种数据类型应该被视为一个对象；这个对象拥有 name 和 score 这两个属性，学生对象应该拥有哪些数据。如果要打印一个学生的成绩，首先必须创建出这个学生对应的对象，然后再给对象发一个 print_score 消息，让对象自己把自己的数据打印出来。

第一步：先创建一个学生类，包括我们想要的属性和方法。

```
class Student(object):

    def __init__(self, name, score):
        self.name = name
        self.score = score

    def print_score(self):
        print('%s: %s' % (self.name, self.score))
```

第二步：给对象发消息实际上就是调用对象对应的关联函数，我们称之为对象的方法。面向对象的程序写出来就像下面这样。

```
bart = Student('Bart Simpson', 59)
lisa = Student('Lisa Simpson', 87)
bart.print_score()
lisa.print_score()
```

拓展：

面向对象的设计思想是从自然界中来的。因为在自然界中，类和实例的概念是很自然的。Class 是一种抽象概念，比如我们定义的类 Student，是指学生这个概念，而实例则是一个个具体的学生（Student）。

例如，Bart Simpson 和 Lisa Simpson 是两个具体的 Student。

所以，面向对象的设计思想是抽象出类，根据类创建实例。

面向对象的抽象程度比函数要高，因为一个类既包含数据，又包含操作数据的方法。

知识练习

练习 1：以下哪种方式可以调用类方法？________

A. 对象名.方法名

B. 类名.对象名

C. 对象名.类名

D. 对象名.实例名

练习 2：以下哪种描述是错误的？________

A. 类与实例是两种不同的对象类型

B. 类是一种产生实例的工厂

C. 当我们调用附属于类的函数时，总会隐含着这个类的实例

D. 我们通常使用 class 来声明一个方法

练习 3：以下哪种描述是错误的？________

A. 类方法中调用类属性或者其他方法时，需要使用 self 来代表实例

B. 类与实例是一一对应的，一个类只能创建一个实例

C. 类的实例化就是通过一个具体的类来创建一个具体的实例的过程

D. 属性和方法都属于类的一部分

练习 4：请使用 Python 面向对象的编程方法编写程序，实现以下功能。

有一个代表所有员工的基类 Employee，主要有两个属性：姓名和薪资。

类 Employee 有两个方法。

方法 display_count 主要用来输出当前有多少个员工。

方法 display_employee 主要用来输出员工的个人信息，包括员工的姓名和薪资。

练习 5：编写 Python 程序，对练习 4 进行拓展，实现以下功能。

创建一个 Employee 类具体化的实例，创建一个实例对象并调用其方法，最终输出自己想要的信息。

尝试创建多个实例对象并赋予不同的属性信息，再使用同一个方法来进行输出，看看

最终在展示信息时显示的效果有什么样的不同。

答案解析

练习 1 答案：A

解析：

当调用类的方法时，只能通过“对象名. 方法名”才可以调用，“类名. 对象名”是不行的，其他的两种也是不合法的，故选择 A 选项。

练习 2 答案：D

D 选项中所述内容明显是错误的，声明方法时是使用 def 的，class 是用来声明类的。

A 选项中类与实例是两种不同的对象类型，这句话是没问题的，可以这么理解，例如，“谈论飞机运输的安全性”和“谈论乘坐的飞机上的饮食”中的“飞机”都是谈论的对象，不同的是，前者是类，后者是实例。

B 选项是一个比喻化的解释，我们可以使用一个类来创建出多个具体的实例。

C 选项说法是正确的，这个是 Python 中固有的设计。

因此 A、B、C 选项的说法都是正确的，故选择 D 选项。

练习 3 答案：B

B 选项描述是错误的。正确的说法是实例是对应着所属的类的，不能说类与实例是一一对应的，因为一个类可以对应或创建出多个不同的实例。

A 选项说法是没问题的，self 确实有这样一个功能。

C 选项说法是没问题的，类的实例化确实是这么一个含义。

D 选项中的解释是正确的，方法和属性都是类的重要组成部分。

A、C、D 的说法都是正确的，故选择 B 选项。

练习 4 答案：

```
class Employee:

    emp_count = 0

    def __init__(self, name, salary):
        self.name = name
        self.salary = salary
        Employee.emp_count += 1

    def display_count(self):
```

```
        print("员工总数 %d" % Employee.emp_count)

    def display_employee(self):
        print("姓名: ", self.name, ", 薪资: ", self.salary)
```

解析:

emp_count 是一个类变量，它的值将在这个类的所有实例之间共享。

可以在类的内部或外部使用 Employee. emp_count 访问。

__init__()方法是一个特殊的方法，被称为类的构造函数或初始化方法，当创建这个类的实例时该方法就会被调用。

self 代表类的实例，self 在定义类的方法时是必须要有的，在调用时不必传入相应的参数，它是被系统自动传入的。

练习 5 答案:

```
class Employee:
    emp_count = 0
    def __init__(self, name, salary):
        self.name = name
        self.salary = salary
        Employee.emp_count += 1
    def display_count(self):
        print("员工总数 %d" % Employee.emp_count)
    def display_employee(self):
        print("姓名: ", self.name, ", 薪资: ", self.salary)

#创建 Employee 类的第一个对象
emp1 = Employee("Zara", 2000)
#创建 Employee 类的第二个对象
emp2 = Employee("Manni", 5000)
emp1.display_employee()
emp2.display_employee()
print("Total Employee %d" % Employee.emp_count)
```

输出结果:

```
Name :  Zara ,Salary:  2000
Name :  Manni ,Salary:  5000
Total Employee 2
```

解析：

创建实例对象：实例化类在其他编程语言中一般用关键字 new，但是在 Python 中并没有这个关键字，类的实例化类似函数的调用方式。

以下是使用类的名称 Employee 来实例化，实例化的对象通过 __init__ 方法接收参数。

```
emp1 = Employee("Zara", 2000)
emp2 = Employee("Manni", 5000)
```

使用点号 . 来访问对象的属性，使用类的名称访问类变量。

```
emp1.display_employee()
emp2.display_employee()
print("Total Employee %d" % Employee._emp_count)
```

扫一扫观看串讲视频

扫码做练习

第 14 课

音乐人与 Rapper

知识回顾

REVIEW THE KNOWLEDGE

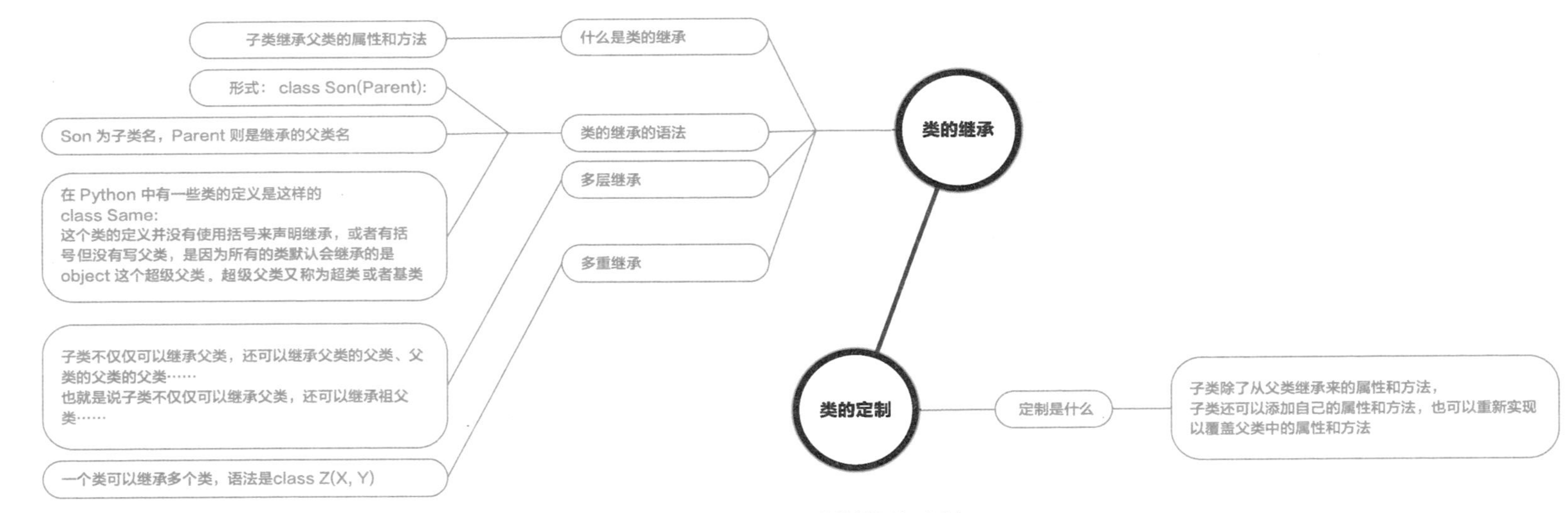

思维导图：类的继承与定制

知识拓展

知识拓展 01

例题 1：以下选项中，哪个选项的描述是错误的？________

A. 子类不需要继承父类，就可以使用父类的属性

B. 子类继承父类后才能使用父类的属性

C. 当类名后的括号中没有继承哪个父类时，默认继承的是 object 这个基类

D. 当类名后没有括号时，默认继承的是 object 这个基类

答案：A

解析：

B 选项正确，在声明类的时候如果需要使用其他类中的属性或方法，必须先有继承关系。

A 选项错误，子类必须继承父类才能使用父类的属性以及方法。严格来说，如果类 a 没有继承类 b，那么类 b 就不是类 a 的父类。

C 和 D 选项描述的是同一个问题，如果类名后面的( )内没写继承的父类或者类名后没有括号，那么这个类就是默认继承 object 基类。

拓展：

在 Python 的类中，如果父类有不想被子类继承的属性和方法，要怎么办呢？

这时需要在父类的属性和方法名上进行设置。我们熟知的 Python 的变量名命名规范为：不能以数字开头，可以以下画线开头，而这里的私有属性和私有方法的命名规范就是以双下画线开头，格式为 __xxx（双下画线后面加属性名或者方法名），__xxx 就是这个类中的私有属性或者方法。

父类中的私有属性或者私有方法只有类对象可以访问，子类不能继承也不能访问。

以此种方式来达到 Python 类中的伪私有，为什么是伪私有呢？读者可以通过“类名.__dict__”来查看，就会发现私有属性或者私有方法是换了一个名字存在，也就是以“_类名__私有方法名”（单下画线类名双下画线方法名/属性名）的命名规则来表示。

```
class MyClass(object):
    __abc = []
    def __xyz():
        pass
MyClass.__dict__
```

上面代码输出的结果如下。

```
mappingproxy({'__module__':'__main__',
              '_MyClass__abc': [],
              '_MyClass__xyz': <function __main__.MyClass.__xyz()>,
              '__dict__': <attribute '__dict__' of 'MyClass' objects>,
              '__weakref__': <attribute '__weakref__' of 'MyClass' objects>,
              '__doc__':None})
```

知识拓展 02

例题 2：以下代码的输出结果为________。

```
class Grandfather(object):
    def __init__(self):
        self.money = 1000000
        self.house = 2
class Parent(Grandfather):
    def shopping(self):
        print('花钱')
class Son(Parent):
    pass
son= Son()
print(son.money)
```

A. 错误，Son 类没有 money 属性

B. 2

C. 1000000

D. 怎么可能会有钱？都被 Parent 花了

答案：C

解析：

A 选项 Son 确实是没有 money 这个属性，并且他的父类 Parent 也没有，但是 Parent 的父类 Grandfather 是有 money 这个属性的，所以 Son 可以通过多层继承来获取 Grandfather 的 money 这个属性。

B 选项，题中打印的是 money 这个属性，并非 house 这个属性。

C 选项这个答案是正确的，Parent 类从 Grandfather 类继承 money 属性，Son 再从 Parent 类继承 money 属性。

D 选项，虽然 Parent 类中有个 shopping 方法，但是并没有减少 money 的继承。

拓展：

self 到底是什么呢？

Python 解释器提供的初始化方法 __init__(self) 中有这个参数，自己写的 Parent 类的 shopping(self) 方法中也会用到这个参数，但是我们从来没有给这个参数赋过值，为什么大家都写 self 呢？不能修改吗？

self 是指代当前调用该方法的类的实例，题目的代码中 son.money 这个语句在执行时，self 就会指代 son 这个对象。也就是说哪个实例调用了类方法，self 就指代哪个实例。虽然 self 在方法中需要被定义为默认的第一个参数，但是我们不需要显示传参，在调用方法的时候 Python 解释器会自动传入。

self 并非是规定死的写法，可以修改为其他的名字。例如 def shopping（me）也是允许的，但是大家都约定俗成地写为 self，所以建议还是按照约定来写。

知识拓展 03

例题 3：编写 Python 程序，完成以下要求。

定义一个 Animal 类，该类具有 run 方法。

定义一个 Dog 类，继承 Animal 类，并重写 Dog 类中 run 方法。

定义一个 Cat 类，继承 Animal 类，并重写 Cat 类中 run 方法。

答案：

```
class Animal(object):
    def run(self):
        print('Animal is running...')
class Dog(Animal):
    def run(self):
        print('Dog 横冲直撞地跑 ...')
class Cat(Animal):
    def run(self):
        print('Cat 以 50 迈的速度跑 ...')
```

解析：

在开始编写的 Animal 类中，有一个 run()方法可以打印出“Animal is running...”。

```
class Animal(object):
    def run(self):
```

```
        print('Animal is running...')
```

当编写 Dog 和 Cat 类时，从 Animal 类继承就可以直接得到同样的、能够打印出“Animal is running…”的 run( )方法。

```
class Dog(Animal):
    pass
class Cat(Animal):
    pass
```

对于 Dog 类来说，Animal 类就是它的父类，对于 Animal 类来说，Dog 类就是它的子类。Cat 类和 Dog 类类似。

由于 Animal 类实现了 run( )方法，因此 Dog 类和 Cat 类作为它的子类，没有编写任何额外的代码，就自动拥有了 run( )方法。

但如果需要让 Dog 类与 Cat 类分别具有自己的 run( )方法，就需要重写（有时候也称为重载或覆盖）run( )方法了。

```
class Dog(Animal):
    def run(self):
        print('Dog 横冲直撞地跑 ...')
class Cat(Animal):
    def run(self):
        print('Cat 以 50 迈的速度跑 ...')
```

当子类和父类都存在相同的 run( )方法，且子类的 run( )覆盖了父类的 run( )，在代码运行的时候，总是会调用子类的 run( )方法，而不会调用父类的 run( )方法。

拓展：

继承的另一个好处：多态。

要理解什么是多态，首先要对数据类型再做一点说明，当定义一个类的时候，实际上就定义了一种数据类型。我们定义的数据类型和 Python 自带的数据类型，比如 str、list、dict 本质上没有区别。

```
a = list() # a 是 list 类型
b = Animal() # b 是 Animal 类型
c = Dog() # c 是 Dog 类型
```

可以用 isinstance( )判断一个变量是否是某个类型。

```
print(isinstance(a, list)) # 输出:True
```

```
print(isinstance(b, Animal)) # 输出:True
print(isinstance(c, Dog)) # 输出:True
```

代码显而易见地表明，a、b、c 确实分别对应着 list 类、Animal 类、Dog 类这 3 种类型。

但是，再试试下面的代码。

```
print(isinstance(c, Animal)) # 输出:True
```

看来 c 不仅仅是 Dog 类型，c 还是 Animal 类型。

不过仔细想想，这是有道理的。因为 Dog 类是从 Animal 类继承来的，当创建了一个 Dog 类的实例 c 时，认为 c 的数据类型是 Dog 类没错，但 c 同时是 Animal 类也没错，Dog 类本来就是 Animal 类的一种。

所以，在继承关系中，如果一个实例的数据类型是某个子类，那它的数据类型也可以是父类，但是，反过来就不行。

```
b= Animal()
print(isinstance(b, Dog)) # 输出:False
```

Dog 类可以看成是 Animal 类，但 Animal 类不可以看成是 Dog 类。

我们将上面函数改写成如下形式。

```
class Animal(object):
    def run(self):
        print('Animal is running...')


class Dog(Animal):
    def run(self):
        print('Dog 横冲直撞地跑 ...')


class Cat(Animal):
    def run(self):
        print('Cat 以 50 迈的速度跑 ...')
#定义一个方法
def run_twice(animal):
    animal.run()
    animal.run()
#创建两个对象
dog = Dog()
```

```
cat = Cat()
run_twice(dog)
run_twice(cat)
```

当我们传入 Animal 类的实例时：

```
run_twice(Animal())
```

输出：Animal is running... Animal is running...

当我们传入 Dog 类的实例时：

```
run_twice(Dog())
```

输出：Dog 横冲直撞地跑... Dog 横冲直撞地跑...

当我们传入 Cat 类的实例时：

```
run_twice(Cat())
```

输出：Cat 以 50 迈的速度跑... Cat 以 50 迈的速度跑...

看上去没啥意思，但是仔细想想，如果我们再定义一个 Tortoise 类型，也从 Animal 类继承。

```
class Tortoise(Animal):
    def run(self):
        print('Tortoise is running slowly...')
```

当我们调用 run_twice()时，传入 Tortoise 的实例：

```
run_twice(Tortoise())
```

输出：Tortoise is running slowly... Tortoise is running slowly...

你会发现，新增一个 Animal 类的子类，不必对 run_twice()做任何修改。实际上，任何依赖 Animal 类型作为参数的函数或者方法都可以不加修改地正常运行，run_twice()的代码有了强大的复用性，原因就在于多态。

多态的好处就是：当我们需要给函数传入 Dog、Cat、Tortoise 等（可能还会有更多种动物子类）类型的实例时，我们只需要把参数定义为 Animal 类型就可以了，因为 Dog、Cat、Tortoise 等都是 Animal 类型。

忽略子类的差异，把所有的子类抽象成一个父类来看待，就可以面向父类中定义的方法（接口）编写高复用性的代码。在代码实际运行的过程中，根据当前对象的子类动态调整执行内容，同样的一段代码 run_twice()产生了多种形态的运行结果，多态的概念就如此产生了。结合上面的代码示例我们再分析一下多态的执行过程。

由于 Animal 类型有 run()方法，那么传入 run_twice()的任意类型，只要是 Animal 类或者是它的子类，run_twice()就会自动调用实际类型的 run()方法，这就是多态的意思。

对于一个变量，我们只需要知道它是 Animal 类型，无须确切地知道它的子类型，就可以放心地调用 run()方法，而具体调用的 run()方法是作用在 Animal、Dog、Cat 还是 Tortoise 对象实例上，由运行时当前对象实例的确切类型决定，这就是多态真正的威力。调用方只管调用，不管细节，而当新增一种 Animal 的子类时，只要确保 run()方法编写正确，不用管原来的代码是如何调用的。这就是著名的“开闭”原则。

对扩展开放：允许新增 Animal 子类。

对修改封闭：不需要修改依赖 Animal 类型的 run_twice()等函数。

继承可以一级一级地继承下去，就好比从爷爷到爸爸、再到儿子这样的关系。而任何类，最终都可以追溯到根类 object，这些继承关系看上去就像一颗倒着的树，比如如下的继承树。

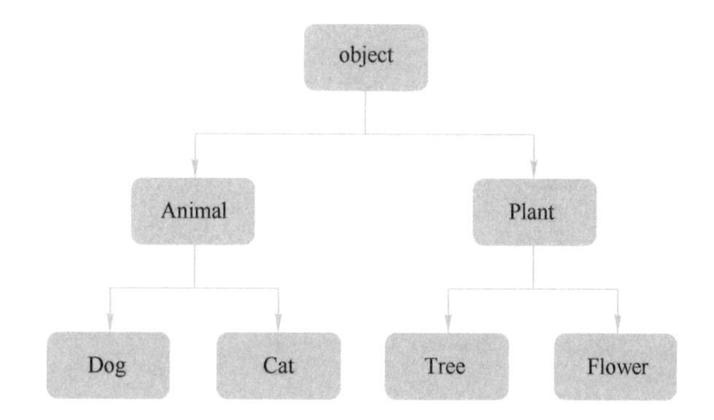

知识练习

练习 1：Python 中，关于类的说法正确的是________。

A. Python 的类允许多继承

B. 子类可以继承父类的私有方法和私有属性

C. 类属性只能由实例对象调用

D. 类中必须有 __init__ 方法

练习 2：以下代码执行的结果是________。

```
class Parent(object):
    x = 1
class Child1(Parent):
```

```
    pass
class Child2(Parent):
    pass

Child1.x = 2
Parent.x = 3
print(Parent.x, Child1.x, Child2.x)
```

A. 3 3 3

B. 3 2 3

C. 3 2 1

D. 1 2 1

练习 3：以下代码执行的结果是________。

```
class Parent(object):
    def __init__(self):
        print('父类__init__方法')
    def show(self):
        print('父类方法')
class Child(Parent):
    def show(self):
        print('子类方法')

child = Child()
child.show()
```

A. 父类 __init__ 方法 父类方法

B. 父类 __init__ 方法 子类方法

C. 父类方法

D. 子类方法

练习 4：小明出身于书香门第，爷爷和父母均为教师，小明延续了家族的传承，成了一名优秀的人民教师，并且自己还开设了辅导班。编写 Python 程序，实现以下要求。

创建爷爷类，爷爷的属性和方法如下。

- 职业（occupation）属性：教师
- 爱好（hobby）属性：看书
- 级别（level）属性：教授
- 教书方法（taught）

创建父母类，父母继承自爷爷，但是父母的级别（level）没有爷爷高，是高级教师。

创建小明类，小明继承自父母，级别为初级教师，定制方法为兼职（part_time_job）辅导班。

输出小明的职业、爱好，以及调用他的兼职方法。

练习 5：在小明的辅导班中有两名学生，一名叫作李磊（性别男），另外一名叫作韩梅梅（性别女），他俩人的英语特别的好，根据这两名学生的信息，用 Python 写出两个类。具体要求如下。

创建 Person 类，每个 Person 类的实例对象都有名字（name）、年龄（age）、性别（gender）属性。

创建 Student 类，Student 类继承 Person 类，其中 show( ) 方法用于展示学生的具体信息。

创建李磊和韩梅梅的实例对象，并分别调用他们的 show( ) 方法。

答案解析

练习 1 答案：A

A 选项，Python 中的类是允许多继承的，这是正确的。

B 选项，子类可以继承父类的私有方法和私有属性，这个选项是错误的，严格意义上来说私有属性不能由子类继承。

C 选项，类属性并非只能通过实例对象调用，也可以通过类名来进行调用。

D 选项，类中可以有 __init__ 初始化方法，但是也可以不显性编写这个方法，采用系统默认的也可以。

选择 A 选项。

练习 2 答案：B

Parent 类中有 x = 1 这个类属性的定义。

但是在打印之前 Child1 这个子类对 x 进行了重写为 2。

紧接着 Parent 也对 x 进行了重写为 3。

因此 print( ) 打印的结果如下。

- Parent. x 为重新赋值过的 3。
- Child1. x 是自己重写过的属性，结果为 2。
- Child2. x 没有自己重写 x 属性，是直接继承的 Parent. x，结果为 3。

所以选择 B 选项。

练习 3 答案：B

在 Python 的类继承中，默认优先使用子类的属性和方法。当子类中没有被调用的属性和方法时，就会去父类中找；如果父类中也没找到，就会去父类的父类中找；一直查找到 object 基类。如果在 object 类中仍然没有找到的话，程序就会抛出异常。

所以在创建子类的实例对象时，会先去子类 Child 中寻找是否有 __init__ 初始化方法，子类中没有找到，就去父类 Parent 中找，发现父类中有 __init__ 初始化方法并执行了这个方法，于是打印了“父类__init__方法”。

后面的 chlid. show( )调用 show( )方法，因为子类中已经对这个 show( )方法进行了重写，所以打印出“子类方法”。

结果为 B 选项，整体的输出结果如下。

```
父类__init__方法
子类方法
```

练习 4 答案：

```
class Grandfather(object):
    occupation = '教师'
    hobby = '看书'
    level = '教授'
    def taught(self):
        print('正在给学生传授知识')
class Parent(Grandfather):
    level = '高级教师'
class XiaoMing(Parent):
    level = '初级教师'
    def part_timeJob(self):
        print('小明开设了辅导班')

xiaoming = XiaoMing()
print(xiaoming.occupation)
print(xiaoming.hobby)
print(xiaoming.level)
xiaoming.part_timeJob()
```

解析：

为完成该题目，首先需要确定相应的继承关系，即“小明类继承自父母类”“父母类继承自爷爷类”，按照从上到下的层级顺序来依次完成类的实现。

在爷爷类中，需要定义的属性如下。

- 职业（occupation）：教师

- 爱好（hobby）：看书
- 级别（level）：教授
- 教书方法（taught）

在父母类中，会继承爷爷类中的属性与方法，但 level 属性与爷爷类中不同，需要进行自定义。

而小明类中，会继承父母类中的属性与方法，但 level 属性与父母类中不同，需要进行自定义，此外还需设置小明类中的兼职方法（part_timeJob）。

练习 5 答案：

```
class Person(object):
    def __init__(self, name, age, gender):
        self.name = name
        self.age = age
        self.gender = gender

class Student(Person):
    def show(self):
        print(self.name,self.age,self.gender)

lilei = Student('李磊', 16, '男')
lilei.show()
hanmeimei = Student('韩梅梅', 15, '女')
hanmeimei.show()
```

解析：

为完成该题目，首先需要确定相应的继承关系，即 Student 类继承自 Person 类。

按照从上到下的层级顺序来依次完成类的实现。

在 Person 类中，需要定义的属性如下。

- 名字（name）
- 年龄（age）
- 性别（gender）

Student 类继承自 Person 类，也就继承了 Person 类相应的属性，还需要实现相应的 show( ) 方法，对名字、年龄、性别属性进行展示。

因此，我们在 Person 类中需要接收实例的属性值，将属性赋值放在 Person 类中的 __init__ 方法中，而 Student 类中，只实现 show( ) 方法即可。

扫一扫观看串讲视频

扫码做练习

第 15 课

租借共享单车

知识回顾

REVIEW THE KNOWLEDGE

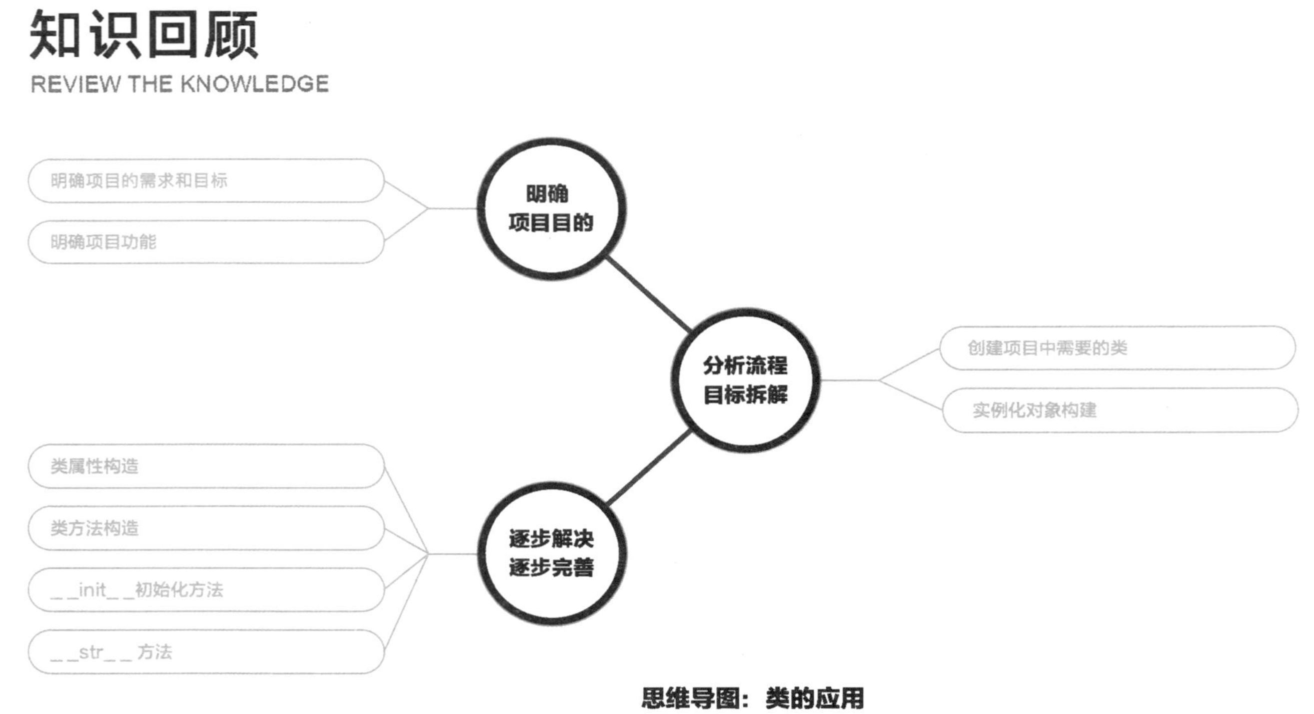

思维导图：类的应用

知识拓展

知识拓展 01

例题 1：以下选项中，哪个不是 Python 类的特性？________

A. 封装

B. 继承

C. 多态

D. 接口

答案：D

解析：

封装、继承、多态是类的三大特性。接口是一种特殊的类，接口类也叫作抽象类。

拓展：

Python 是面向对象编程语言（Object Oriented Programming，简称 OOP）。

OOP 的编程思想是把对象作为程序的基本单元，一个对象包含了数据和操作数据的方法；

封装、继承、多态是类的三大特性。

- 封装是指将数据隐藏起来，对数据进行严格的控制。
- 继承是指子类继承父类，获取父类的属性与方法。
- 多态是指一类事物有多种形态，一个抽象类有多个子类，因而多态的概念依赖于继承。

知识拓展 02

例题 2：以下说法中，关于面向对象说法不正确的是________。

A. 类可以多重继承

B. 对象是类的实例化表现

C. 类中属性可以被访问和调用

D. @property 不可以修饰类的属性

答案：D

解析：

@property 广泛应用在类的定义中，可以用来修饰类的属性，属性的数据会被封装成方法而被访问和调用。

拓展：

如果直接把属性直接暴露出去，允许外部的代码随意访问和修改，虽然代码编写起来很简单，但是属性所属的实例没办法检查属性被修改的合理性，导致属性数据被随意修改，看一下下面的代码示例。

```
s = Student()
s.score = 9999
```

上面这段代码显然存在着很大的风险，编写 Student 类的开发者和使用 Student 类的开发者可能是不同的人，那么使用者未必知道 score 修改的规则和机制，导致代码编写出现 bug。

例如，为了限制 score 的范围，可以编写一个 set_score( )方法来设置成绩，再编写一个 get_score( )方法来获取成绩。这样在 set_score( )方法里，就可以检查参数的合理性，看一下下面的代码示例。

```
class Student(object):

    def get_score(self):
        return self._score

    def set_score(self, value):
        if not isinstance(value, int):
            raise ValueError(
                '成绩(score)必须是整数类型!')
        if value < 0 or value > 100:
            raise ValueError(
                '成绩(score)必须在 0 ~ 100 范围之内!')
        self._score = value
```

现在，对 Student 实例进行操作时，就不能随心所欲地设置 score 了。

```
s = Student()
s.set_score(60) # 设置成功
s.get_score() # 返回 60
```

下面代码就会抛出异常，因为调用 Student 类的开发时试图将成绩设置为 9999，超出了成绩的合理范围。

```
s.set_score(9999)

Traceback (most recent call last):
...
ValueError: score must between 0 ~ 100!
```

但是，上面的调用方法又略显复杂，没有直接用属性“优雅”。对比一下 s. score = 90 和 s. set_sorce(90)，是不是感觉前者更舒服。程序员就是想既要 s. score = 90 这种“优雅”的写法，又要确保 s. score 被访问时的安全性，还要少些代码，于是出现了 @property 这样的修饰类。

对于追求完美的 Python 程序员来说，这是必须要做到的。

还记得装饰器（修饰器）可以给函数动态加上功能吗？对于类的方法，装饰器一样起作用。

Python 内置的 @property 装饰器就是负责把一个方法变成（装饰成）属性调用的。

```
class Student(object):

    @property
    def score(self):
        return self._score

        @score.setter
    def score(self, value):
        if not isinstance(value, int):
            raise ValueError(
                '成绩(score)必须是整数类型!')
        if value < 0 or value > 100:
            raise ValueError(
                '成绩(score)必须在 0 ~ 100 范围之内!')
        self._score = value
```

@property 在 Python 内部的实现比较复杂，我们先学习如何使用它。

把 getter()方法变成属性，只需要加上 @property 就可以了。此时 @property 本身又创建了另一个装饰器 @score.setter，负责把 setter()方法变成属性赋值，于是我们就拥有一个可控的属性操作。

```
s= Student()
s.score = 60 # 实际转化为 s.set_score(60) 方法调用
```

```
s.score # 实际转化为 s.get_score() 方法调用
```

当给 s. score 赋值超出条件限制时，就会发生异常。

```
s.score = 9999

Traceback (most recent call last):
...
ValueError: score must between 0 ~ 100!
```

注意这个神奇的 @property 装饰器，我们在对实例属性操作的时候，就知道该属性不是直接暴露的，而是通过 getter( ) 和 setter( ) 方法来实现的。

还可以定义只读属性：只定义 getter( ) 方法，不定义 setter( ) 方法就是一个只读属性。

```
class Student(object):

    @property
    def birth(self):
        return self._birth

    @birth.setter
    def birth(self, value):
        self._birth = value

    @property
    def age(self):
        return 2015 - self._birth
```

上面的 birth（生日）是可读写属性，而 age 仅是一个只读属性，因为 age 可以根据 birth 和当前时间计算出来，不需要被赋值，直接给 age 赋值可能会导致 birth 和 age 的数据产生不一致的情况。

@property 广泛应用在类的定义中，可以让调用者写出简短的代码，同时保证对参数进行必要的检查。这样，程序运行时就减少了出错的可能。

知识拓展 03

例题 3：使用 Python 代码完成以下功能。

创建商务类，拥有购买的方法。

创建天猫类与京东类，继承自商务类，且拥有一致的购买方法。

答案：

```
class Business:
    def buy (self, goods):
        pass

class Tmall (Business):
    def buy(self, goods):
        print ('在天猫上购买了 %s' % goods)

class Jd (Business):
    def buy(self, goods):
        print ('在京东上购买了 %s' % goods)

def buy(obj, goods):
    obj.buy(goods)

tmall = Tmall()
jd = Jd()
buy(tmall, "计算机")
buy(jd,"手机")
```

解析：

为完成该编程题，先创建父类商务类 Business，以及子类天猫类 Tmall 与子类京东类 Jd；

因为天猫类 Tmall 与京东类 Jd 要有一致的方法，因此在父类 Business 中定义 buy(self, goods)方法，这个方法不实现任何实际的功能，只对子类的方法命名起到一定的规范作用，我们通常把父类中的这种方法定义称为接口。

子类天猫类 Tmall 与子类京东类 Jd 重写父类中的 buy(selft, goods)方法，或者说是实现父类中的 buy(self, goods)接口。

拓展：

接口可以理解为子类共同拥有的函数，然后放在父类中，这个父类也叫作抽象类。

- 抽象有概括的意思，是对一类事物的归纳和总结。
- 抽象有不具体的意思，抽象的事物往往是看不见摸不着的东西，但是它能给人们概念上的认知，提供规范的作用。

抽象类比较特殊，是专门用于被继承的，不做实例化，因为实例化抽象的父类没有实际的意义，它不能完成任何具体的工作。

继承抽象类的子类来重写接口，实现具体的功能。

知识练习

练习 1：面向对象编程需要使用哪个关键字来定义类？________

A. def

B. class

C. Class

练习 2：类的命名方法是________。

A. 下画线命名法

B. 短横线命名法

C. 大驼峰命名法

练习 3：在下面代码中，如何修饰 age 属性，使得其变为私有变量？________

```
class Person:
    def _fun(self):
      self.name = "李"
      self.age = 20
```

A. _age

B. __age

C. _init_age

练习 4：编写 Python 程序，实现以下功能。

定义一个家庭 Family 类，包含的属性和方法如下。

- 类属性：姓氏 surname、人数 num、家庭中所有人的年龄 age。
- 类方法：获取家庭的姓氏方法 get_surname( )，返回类型 str。
- 类方法：获取人数方法 get_num( )，返回类型 int。
- 类方法：返回家庭平均年龄方法 get_age( )，返回类型 int。

练习 5：编写一段 Python 程序，使用 @property 给 Screen 类加上 width 和 height 属性，以及只读属性 resolution。

答案解析

练习 1 答案：B

定义类使用的关键字是 class，全部是小写字母，但是类名的命名习惯是首字母大写。

def 是定义函数的关键字。

选择 B 选项。

练习 2 答案：C

类的命名使用的是大驼峰命名法，即使用英文单词命名，每个英文单词首字母大写，选择 C 选项。

练习 3 答案：B

类中的属性私有化时，需要在属性前加两个下画线，即 __，本题中实现类的 age 属性私有化，即为 __age，选择 B 选项。

练习 4 答案：

```
class Family():
    def __init__(self, surname, num, age):
        self.surname = surname
        self.num = num
        self.age = age
    def get_surname(self):
        if isinstance(self.surname, str):
            return self.surname
    def get_num(self):
        if isinstance(self. num, int):
            return self.num
    def get_age(self):
        sum = 0
        for i in self.age:
            sum = sum+i
        if isinstance(sum, int):
            return round(sum/len(self.age))
xiaok = Family('亓', 4, [20, 24, 45, 40])
print(xiaok.get_surname())
print(xiaok.get_num())
print(xiaok.get_age())
```

解析：

isinstance( ) 函数判断某个对象是否为某个类型，类似 type。

通过构造相应方法来处理相关属性。

练习 5 答案：

```
class Screen(object):
    @property
    def width(self):
        return self._width
    @width.setter
    def width(self,value):
        self._width = value

    @property
    def height(self):
        return self._height
    @height.setter
    def height(self,value):
        self._height = value

    @property
    def resolution(self):
        return self.width * self._height

#测试:
s = Screen()
s.width = 1024
s.height = 768
print('resolution =', s.resolution)
if s.resolution == 1024 * 768:
    print('测试通过!')
else:
    print('测试失败!')
```

解析：

分别定义 Screen 类的 width 与 height 方法，每个方法中都有 getter 与 setter 方法。使用 @property 将方法变成属性。

扫一扫观看串讲视频

扫码做练习

第16课

编码与解码的战争

知识回顾

REVIEW THE KNOWLEDGE

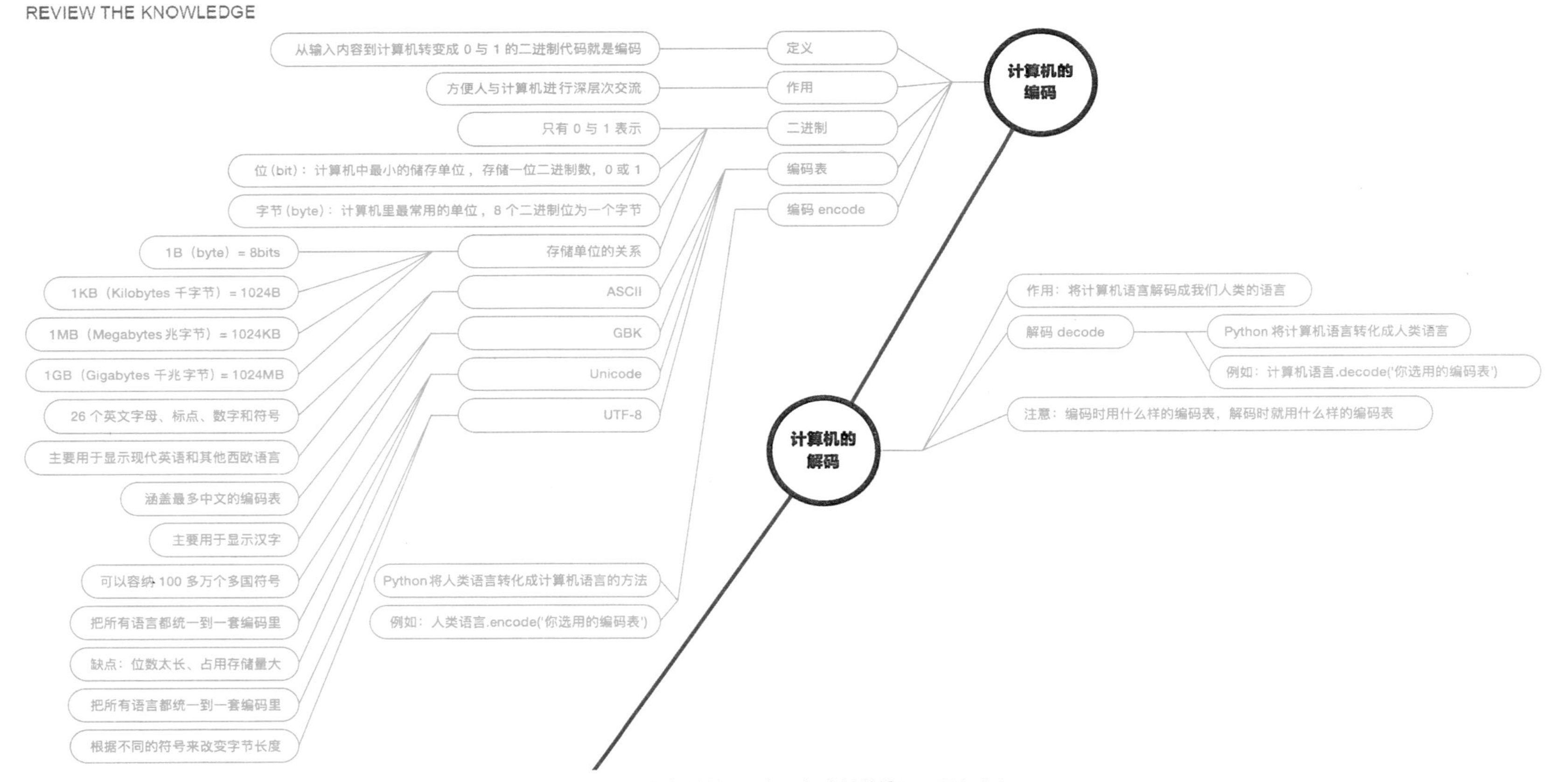

思维导图：计算机的编码、解码与文件的读取、写入（1）

知识回顾

REVIEW THE KNOWLEDGE

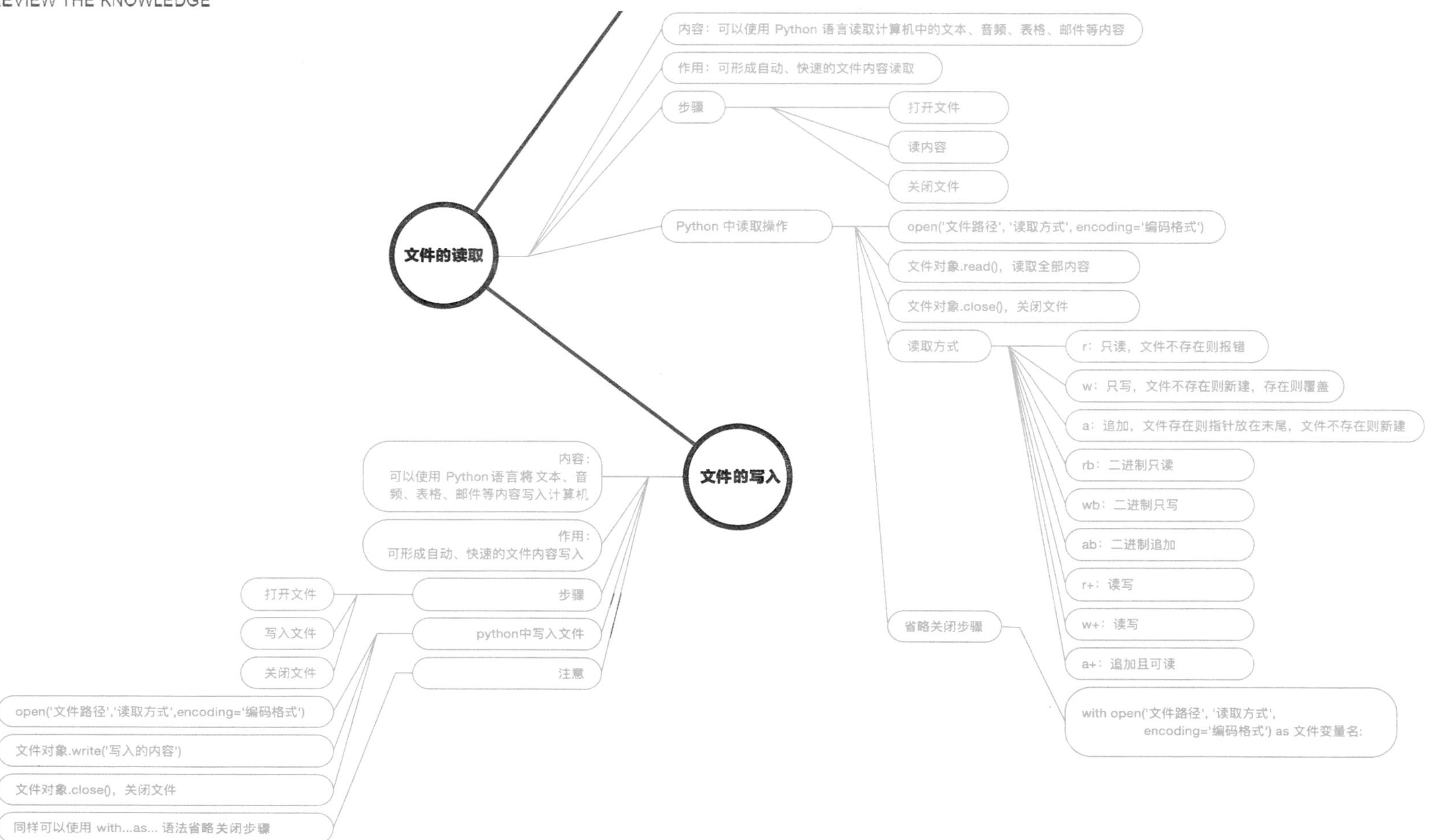

思维导图：计算机的编码、解码与文件的读取、写入(2)

知识拓展

知识拓展 01

例题 1：以下选项中，哪个选项是字母 A 对应的 ASCII 码？________

A. 97

B. 65

C. 66

D. 'A'

答案：B

解析：

A 选项与 C 选项分别是小写 a 和大写 B 对应的 ASCII 码值。

D 选项中的 A 是一个字符，而 ASCII 码中并不包含字符。

拓展：

因为 Python 的诞生比 Unicode 标准发布的时间还要早，所以最早的 Python 只支持 ASCII 编码。

在英语中，用 128 个符号编码便可以表示所有的字符。

Python 提供了 ord( ) 和 chr( ) 函数，可以把字符和对应的 ASCII 码进行相互转换。

```
# 将字符转化成对应的 ASCII 码
print(ord('A'))

# 将 ASCII 码转化成对应的字符
print(chr(65))
```

知识拓展 02

例题 2：以下编码写法中错误的是哪个？________

A. UTF-32

B. GBK

C. GB2312

D. UTF2312

答案：D

解析：

A 选项 UTF-32 是固定长度的编码，始终占用 32 位（4 个字节）。

B 选项与 C 项中的 GBK 和 GB2312 都是中文编码格式。

D 选项并没有 UTF2312 的这种编码。

拓展：

UTF-8 是一种变长的编码方案，使用 1 ~ 6 个字节来存储。

UTF-32 是一种固定长度的编码方案，不管字符编号是什么，始终使用 4 个字节来存储。

UTF-16 是介于 UTF-8 和 UTF-32 之间的编码方案，使用 2 个或者 4 个字节来存储字符，长度既固定又可变。

GB2312 只能表示 6763 个汉字。

GBK 编码中表示的汉字可以达到 21003 个。

知识拓展 03

例题 3：如何将文件中文字按行取出来？

文件的名字是“观沧海 . txt”，文件内容如下。

观沧海

曹操

东临碣石，以观沧海。

水何澹澹，山岛竦峙。

树木丛生，百草丰茂。

秋风萧瑟，洪波涌起。

日月之行，若出其中；

星汉灿烂，若出其里。

幸甚至哉，歌以咏志。

答案：

```
with open('观沧海 .txt','r') as file:
    for line in file.readlines():
        print(line)
```

解析：

为完成该编程题需要使用文件的 readlines( ) 函数获取所有的行，然后遍历 readlines( ) 函数的返回结果，获取每一行并完成打印效果。

第一句：使用 with…as 的方式打开文件，并将文件对象赋值给 file 变量。

第二句：使用 for 循环遍历 file. readlines( ) 函数的结果，获取每一行文字。

第三句：使用 print( ) 函数打印遍历出来的每一行文字。

拓展：

第二句中的 readlines( ) 函数可以获取每一行，并且会将每一行数据作为列表的一个元素保存在列表中，储存结果如下。

```
['      观沧海\n',
'       曹操\n',
'\n',
'东临碣石,以观沧海。\n',
'水何澹澹,山岛竦峙。\n',
'树木丛生,百草丰茂。\n',
'秋风萧瑟,洪波涌起。\n',
'日月之行,若出其中;\n',
'星汉灿烂,若出其里。\n',
'幸甚至哉,歌以咏志。']
```

通过结果可以看出，readlines( ) 可以直接获取每一行文字，并且连同每一行的换行符 \n 以及制表符 \t 等符号都可以获取到。所以当我们再去使用每一行数据的时候，注意要把换行符和制表符去掉。

知识练习

练习 1： 以下读取文件方法不正确的是________。

A. read

B. reads

C. readline

D. readlines

练习 2： 下面的代码片段最终的结果是________。

```
f = open('a.txt', 'w')
f.write('Hello, world!')
```

```
f.close()
f.write('KKB')
f.close()
```

A. 正常运行，文件中写有文本“KKB”

B. 正常运行，文件中写有“Hello，world!”文本

C. 程序报错，没有任何结果

D. 程序报错，文件中写有“Hello，world!”文本

练习 3：有时我们需要将数据写入文件，下列打开方式中具有写入功能的是________。

A. a　　B. r+　　C. w　　D. w+

练习 4：通过 Python 的读写方法，完成对图片“开课吧_1. png”的复制，并另存为“开课吧_2. png”。

练习 5：获取键盘输入的字符，并将获取的字符保存到本地的 txt 文件中，直到输入字符 * 为止。

答案解析

练习 1 答案：B

read()、readline()、readlines()都是对文件的读取方式。

read()可以一次读取文件中的所有字符。

readline()可以一次读取文件中的一行。

readlines()可以读取文件中的所有行，并将每一行作为一个元素存储在列表中。

练习 2 答案：D

第一步：打开文件并且设置 w 覆盖写入模式。

第二步：进行写入“Hello，world!”文本。

第三步：进行文件关闭操作，此时，“a. txt”文件中已经含有“Hello，world!”文本。

第四步：再次进行写入文本操作，但是文件已经在上一行进行关闭了，所以程序会报错。

练习 3 答案：ABCD

a：打开一个文件用于追加新的信息。

r：只读，并且文件不存在则会报错。

r+：打开一个文件用于读写。

w 和 w+：二者功能一样，打开文件用于读写，文件存在则会将其内容进行覆盖，如果不存在则创建文件。

练习 4 答案：

```
# 打开"开课吧_1.png"图片
img_file = open('开课吧_1.png', 'rb')

# 读取图片内容
img_data = img_file.read()

# 创建"开课吧_2.png"图片
img_file_copy = open('开课吧_2.png', 'wb')

# 将 img_data 内容写入到 img_file_copy 文件中
img_file_copy.write(img_data)

# 关闭文件
img_file.close()
img_file_copy.close()
```

解析：

第一步：我们需要将源文件的内容读取出来，因为图片文件以及视频文件的内容都是以二进制的形式进行存储的，所以我们可以用 rb 的方式进行打开。

第二步：我们将图片内容读取出来。

第三步：使用 open( ) 函数创建一个图片存储的副本。

第四步：将第一个图片的内容写入到副本图片中。

第五步：关闭两个文件。

练习 5 答案：

```
# 打开存储的文件
file= open('text.txt', 'a')
# 使用循环确保只要字符串中没有 * ,就可以持续写入
while True:
    text= input('请输入要保存的字符串,遇到 * 就会停止写入哟!')
    # 判断输入的字符串中是否含有 *
    if '*' not in text:
```

```
        file.write(text)
    else:
        # 如果含有 * ,截取 * 以前的字符串保存,获取字符串中 * 的索引
        index= text.find('*')
        # 截取 * 以前的字符串
        text= text[:index]
        # 将截取的字符串保存
        file.write(text)
        # 结束循环
        break
# 关闭文件
file.close()
```

解析：

第一步：打开将要用于存储字符的文件，并将打开方式设置为 a，以保证每次写入的内容都追加到文件尾部。

第二步：使用 while 循环，在输入的字符串中没有 * 的时候程序可以持续运行，直到输入 * 结束循环。

第三步：确保每次循环开始的时候，就让用户输入想要保存的字符串，所以，循环的第一句就是 input()输入。

第四步：判断字符串中是否含有 *，如果不含则直接进行写入即可，然后开始下一次循环。

第五步：如果字符串中含有 *，可以有两种方案处理。

第一种方案是直接停止程序，并且此次输入内容将不会写入文件中。

第二种方案是截取 * 号前字符串写入文件，* 号后字符串不写入文件。

第六步：使用 break 结束循环，关闭文件。

扫一扫观看串讲视频

扫码做练习

第 17 课

Python 江湖的储物戒指

知识回顾

REVIEW THE KNOWLEDGE

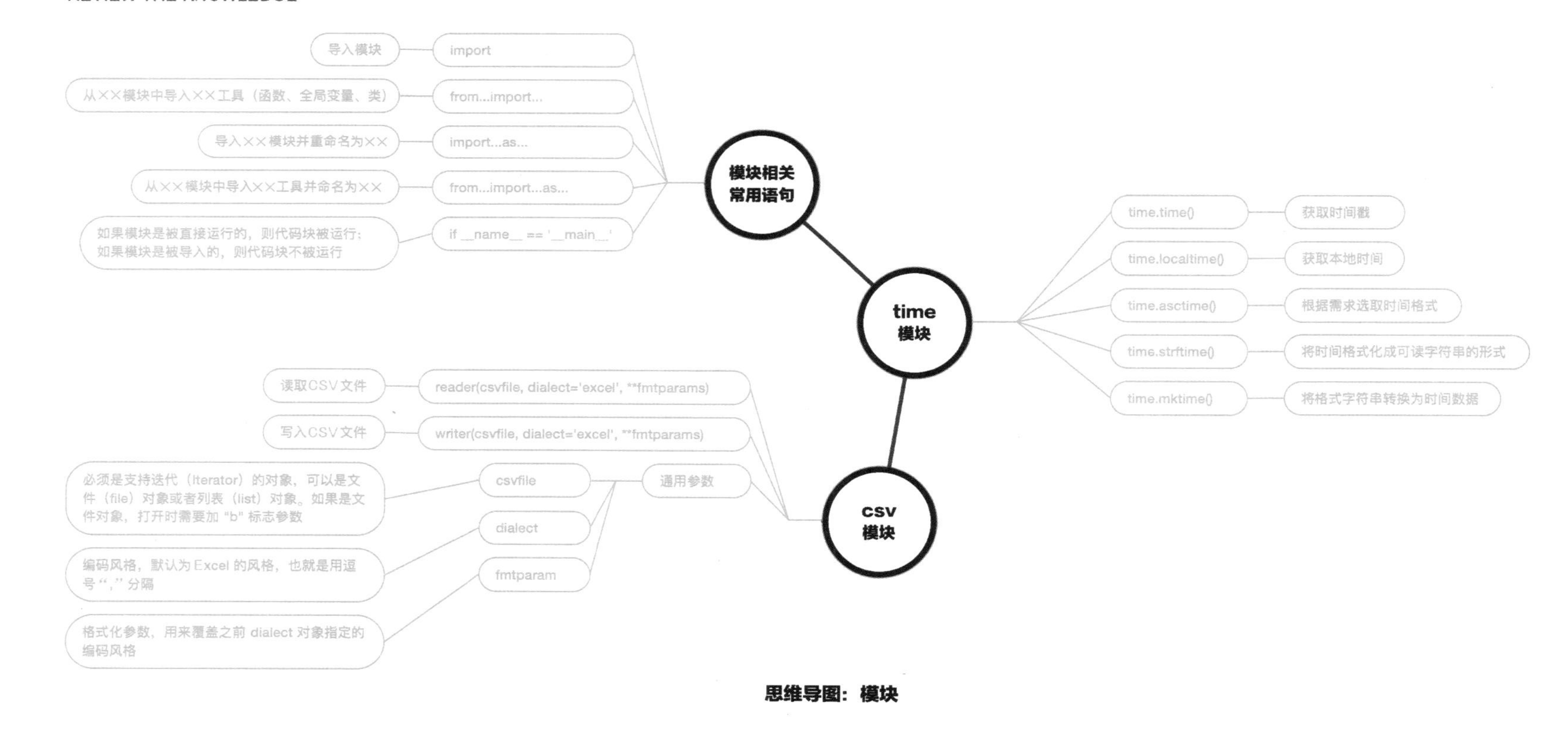

思维导图：模块

知识拓展

知识拓展 01

例题 1： 以下选项，哪一个是 Python 中导入模块的语句？________

A. from

B. import

C. pip

D. input

答案： B

解析：

A 选项，from 要配合 import 一起使用，意为从 xx 模块导入 xx 对象。

C 选项，pip 是安装模块的语句。

D 选项，input 是 Python 中从键盘输入内容的语句。

拓展：

import 语句其实还有另一个实用的功能：让写程序的时候更加便捷。可以把模块名通过“import 模块名 as 别名”的方式给模块起一个新名，把原有的模块名缩短或者重新命名为自己更加习惯的名字。这样在后续的使用过程中会更加方便快捷，同样也可以使用“from 模块名 import 成员名 as 别名”的方式把模块中的某个对象重新命名。

知识拓展 02

例题 2： 下列 Python 语句中，哪些是错误的？________

A. Import time

B. import time as tt

C. from time import time as time

D. from time import ＊；

答案： A、D

解析：

A 选项，import 的 i 字母使用了大写，在 Python 中是严格区分大小写的，故 A 选项错误。

D 选型中 from time import * 语句是没有问题的，但后面的冒号导致了该语句的错误。

拓展：

使用 from ... import ... 语句可以一次性导入多个对象，导入后便可以直接使用模块中的对象，无须在使用对象时附加模块前缀。

from ... import * 语句可以一次性导入指定模块内的所有对象，但是并不推荐使用这种方式。因为如果同时导入的两个模块中有同样名字的对象，那么就会起冲突，后面导入的对象会覆盖前面导入的对象，导致程序运行不能满足预期。

知识拓展 03

例题 3： 编写 Python 代码，创建一个 CSV 文件并向文件中写入 1~100 的数字。

答案：

```
import csv
with open('test.csv', 'a') as r:
    writer= csv.writer(r)
    writer.writerow([x for x in range(1, 101)])
```

解析：

该题要求我们创建 CSV 文件并输入 100 个连续的数据，我们可以分三步来解答这个问题。

第一步：创建文件。若要是在计算机上用鼠标操作的话，首先我们要去创建一个空的 CSV 文件，然后再打开创建的文件。在 Python 中文件不存在也没关系，只需要用打开文件 with open 语句就可以了，该语句会判断文件是否存在，如果不存在则会自动创建一个新的文件。open( ) 中的参数 a 表示一种可以对文件进行读写的操作模式。

第二步：写入文件。写入文件就需要用到 CSV 模块了，CSV 中的对象 writer 提供了写文件的操作方法，用变量 writer 来承接该对象以便于后续的使用，writerow( ) 函数用于写入数据。

第三步：写入 1~100 的数字。使用循环语句就可以快速实现该功能，需要注意的是：答案中的 range(1, 101) 语句，第一个参数 1 可以取到，第二个参数 101 不能取到。

拓展：

在 Python 中还有一个可以处理大型 CSV 文件的模块叫 pandas，在 pandas 模块中读取 CSV 的语句是 read_csv( )，写入 CSV 的语句是 to_csv( )。

pandas 支持多种文件格式，包括 CSV、HDF5、HTML 等，能够提供高效的大型数据处理功能。

知识练习

练习1：Python 中的 time 模块中获取时间戳的语句是？________

A. time. time( )

B. time. localtime( )

C. time. time

练习2：如果我们想要让程序延迟一会执行，可以使用下列哪个函数？________

A. time. stop( )

B. time. sleep( )

C. time. cut( )

练习3：语句 print(time. strftime("%H:%M:%S", time. localtime( )))会把时间输出为下列哪种形式？________

A. 秒:分:时

B. 时:分:秒

C. 时:秒:分

练习4：编写 Python 程序，输入一个列表（里面的元素是整型），遍历列表中的数字作为延迟的秒数，延迟后输出当前时间。

练习5：分别使用 for 循环和 while 循环计算整数 1~1000 的和，并且比较二者的用时，如果 for 循环用时短则输出“for win!”，如果 while 循环用时短则输出“while win!”，如果两个循环用时相等则输出“draw!”。

答案解析

练习1答案：A

A 选项，time. time( )用于获取当前的时间戳。

time. time( )返回的是从 Epoch 开始到当前时间的秒数，Epoch 是 Unix 时间戳，Unix 时间戳（英文为 Unix time、POSIX time 或 Unix timestamp）是从 Epoch（1970 年 1 月 1 日 00:00:00 UTC）开始所经过的秒数，不考虑闰秒。

B 选项，time. localtime( )用于将时间戳格式化为本地（本时区）时间。

C 选项，time. time 虽不会报错，但是不添加括号只能输出该对象属于 time 模块中的一个函数，无法获取时间戳，是错误的。

练习 2 答案：B

time. sleep( )函数推迟线程的运行，也就是我们常说的延迟运行，在括号中可以添加一个整型参数来表示延迟的秒数。

练习 3 答案：B

time. strftime( )函数用于时间数据的格式化，把 time. time( )函数得到的时间戳、time. localtime( )函数得到的本地时间，以及其他时间函数得到的时间数据，格式化转换成定制化的、可读性强的字符串形式，具体可以转换的方法如下所示。

%y -两位数的年份表示（00~99）。

%Y -四位数的年份表示（0000~9999）。

%m -月份（01~12）。

%d -月中的一天（0~31）。

%H - 24 小时制的小时数（0~23）。

%I - 12 小时制的小时数（01~12）。

%M -分钟数（00~59）。

%S -秒（00~59）。

%a -本地简化的星期名称。

%A -本地完整的星期名称。

%b -本地简化的月份名称。

%B -本地完整的月份名称。

%c -本地相应的日期表示和时间表示。

%j -年内的一天（001~366）。

%p -本地 A. M. 或 P. M. 的等价符。

%U -一年中的星期数（00~53），星期天为开始。

%w -星期（0-6），星期天为开始。

%W -一年中的星期数（00~53），星期一为开始。

%x -本地相应的日期表示。

%X -本地相应的时间表示。

%Z -当前时区的名称。

练习 4 答案：

```
import time
# 使用 map 函数实现键盘输入列表
lst = list(map(int, input("输入空格间隔数字:").split()))
# 写一个循环,遍历列表中的内容
for i in lst:
```

```
    # 使用 sleep 使程序延迟
    time.sleep(i)
    # 使用 strftime 将时间转换成正常的格式
    time_now= time.strftime("%Y-%m-%d %H:%M:%S", time.localtime())
    print(time_now)
```

解析：

本题中教给读者一个实现键盘输入列表的简单方法：list(map(int, input().split()))，该语句通过 map 可以实现某个函数的批量调用。

第一个参数 int 指的是 int()函数，用途是强制类型转换。

第二个参数是一个列表数据，input().split()将会把输入的字符串数据用空格分隔开。

在本案例中，如果输入“1 2 3”，input.split()语句将把“1 2 3”分割成['1', '2', '3']，然后 map()函数调用 len(['1', '2', '3'])次 int()方法，也就是说列表['1', '2', '3']有 3 个元素，map()就会调用 3 次 int()函数。每次调用 int()的时候会依次传入['1', '2', '3']列表中的每个元素，实现调用 int('1')、int('2')、int('3')，然后 map()还会把 3 次 int()函数调用的返回值收集起来，把['1', '2', '3']转换为[1, 2, 3]。

map()函数是一个执行效率很高的函数，而且也很“优雅”。map 这个词在英文当中有映射的意思，在本例子中['1', '2', '3']到[1, 2, 3]的转换过程也可以说成是映射过程。'1'映射到 1、'2'映射到 2、'3'映射到 3，映射的方法或规则是由 int()函数来规定的，可以给 map()传入各种方法来定义映射过程的转换规则。

第一步：实现键盘输入列表。

第二步：使用循环，遍历列表中的值。

第三步：编写循环内的程序，通过 time.sleep()使程序延迟执行，再通过 time.strftime()函数将日期转化为常规的形式并输出。

输出结果如下。

输入空格间隔数字：1 2 3 4

2020-03-12 11:14:24

2020-03-12 11:14:26

2020-03-12 11:14:29

2020-03-12 11:14:33

练习 5 答案：

```
import time
# 输出当前的时间
print("比赛开始于:", time.strftime("%Y-%m-%d %H:%M:%S", time.localtime()), "\n")
```

```
# 记录当前系统最高精度的时间
start_time= time.perf_counter()
# 设置一个计数器
count_for= 0
# 定义一个 for 循环累加的代码
for i in range(1, 1001):
    # 每循环一次,都加上当前 i 的值
    count_for+= i
print("for 循环计算的结果为:{}".format(count_for))
# 记录结束的时间
end_time= time.perf_counter()
# 计算花费的时间
cost_time1= end_time - start_time
# 花费的总时长
print("for 循环花费的总的时间是:{} 秒".format(cost_time1))
start_time= time.perf_counter()
count_while= 0
# 定义一个 while 循环累加的代码
i= 1
while i < 1001:
    count_while+= i
    i+= 1
print("while 循环计算的结果为:{}".format(count_while))
end_time= time.perf_counter()
cost_time2= end_time - start_time
print("while 循环花费的总的时间是:{} 秒".format(cost_time2))
print("for 循环花费的时间 - while 循环花费的时间为:{} 秒".format(cost_time1 - cost_
time2))
if cost_time1 - cost_time2 > 0:
    print('\nwhile win!')
elif cost_time1 - cost_time2 < 0:
    print('\nfor win!')
else:
    print('\ndraw!')
```

解析：

本题主要考察 time 模块的应用，time 模块可以用于十分精确的程序用时的记录；

第一步：记录当前的时间（是否需要打印都可以）。

第二步：设置一个计数器，赋值0即可。

第三步：用for循环计算1~1000的和，注意range的参数要用(1,1001)。

第四步：打印循环的结果，并记录结束的时间。

第五步：计算开始和结束的时间差。

通过以上的5个步骤，for循环计算1~1000的和就完成了。

使用类似的方法通过while循环来计算和。

重点说说time.perf_counter()方法。

这个方法能够返回性能计数器的值（以小数秒为单位），即具有最高可用分辨率的时钟，以测量短持续时间。

它记录的时间会包括当前调用该方法的线程的睡眠时间，也就是说睡眠期间经过的时间也被包含在两次调用该方法的时间差里面，perf_counter()会包含sleep()函数产生的睡眠时间，并且是系统范围的时间。

通常perf_counter()用在测量代码运行的时间上，具有最高的可用分辨率。不过因为返回值的参考点未定义，因此我们测量代码运行时间的时候需要调用两次，然后计算两次调用返回值的差值。

下面让我们来看一下多次运行的结果。

第一次：

```
比赛开始于:2020-03-12 11:57:06
for 循环计算的结果为:500500
for 循环花费的总的时间是:0.00043518299935385585 秒
while 循环计算的结果为:500500
while 循环花费的总的时间是:0.0005879599993932061 秒
for 循环花费的时间 - while 循环花费的时间为:-0.00015277700003935024 秒
for win!
```

第二次：

```
比赛开始于:2020-03-12 11:57:30
for 循环计算的结果为:500500
for 循环花费的总的时间是:0.0003120780002063839 秒
while 循环计算的结果为:500500
while 循环花费的总的时间是:0.0005525500000658212 秒
for 循环花费的时间 - while 循环花费的时间为:-0.00024047199985943735 秒
for win!
```

第三次：

```
比赛开始于: 2020-03-12 13:20:21
for 循环计算的结果为:500500
for 循环花费的总的时间是:0.000515096999151865 秒
while 循环计算的结果为:500500
while 循环花费的总的时间是:0.0004373009996925248 秒
for 循环花费的时间 - while 循环花费的时间为:7.779599945934024e-05 秒
while win!
```

扫一扫观看串讲视频

扫码做练习

第18课

玩转 Python 之自动发送邮件

知识回顾

REVIEW THE KNOWLEDGE

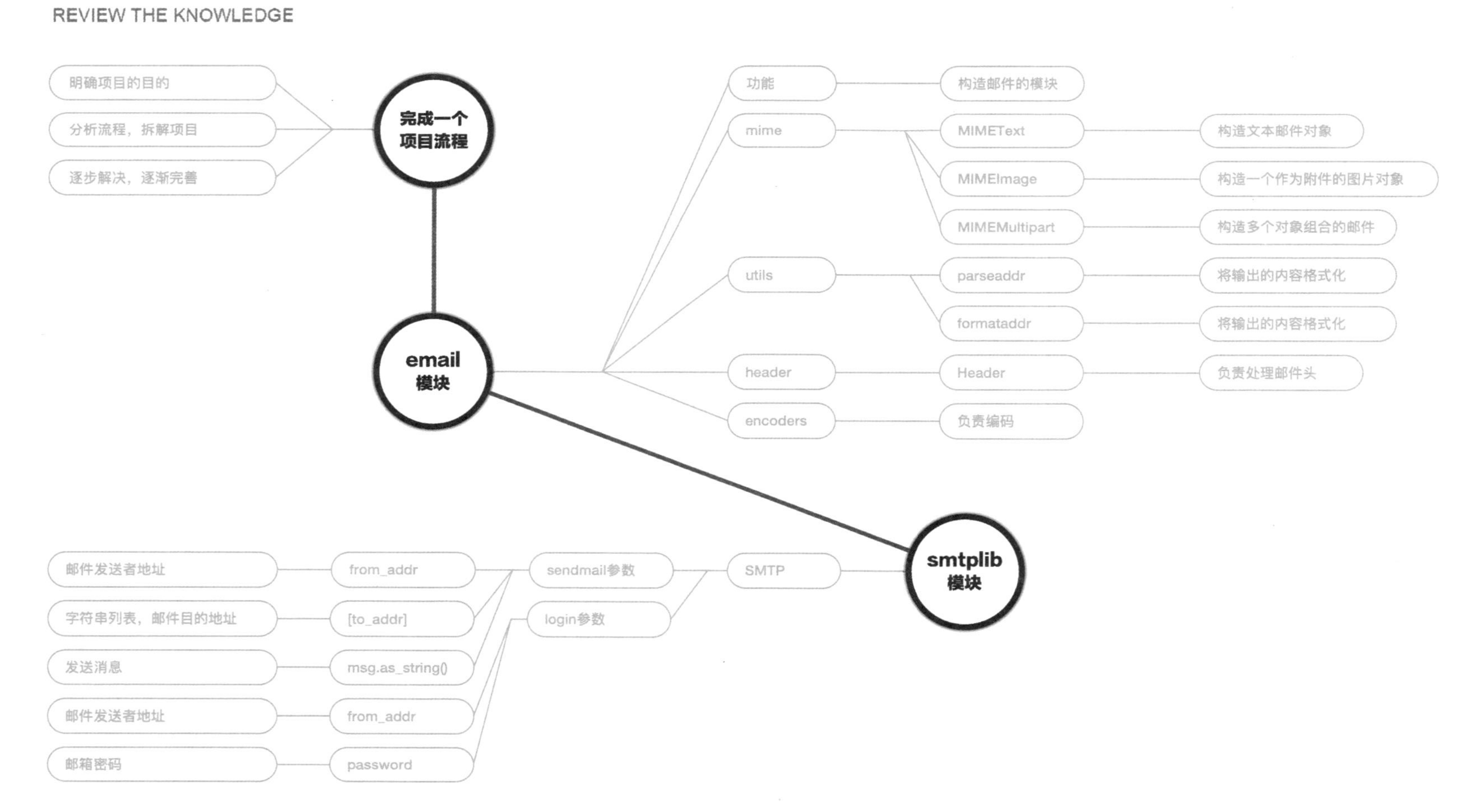

思维导图：邮件的发送

知识拓展

知识拓展 01

例题 1：以下 Python 模块中，可以用哪个来构造邮件？ ________

A. math

B. smtplib

C. email

D. time

答案：C

解析：

A 选项，math 是与数学相关的模块。

D 选项，time 模块是与时间相关的模块，故排除 A、D 选项。

B 选项，smtplib 与邮件相关，但该模块用于发送邮件。

C 选项，email 模块在 Python 中用于构造邮件，所以选择 C 选项。

拓展：

email 模块下的 mime 子模块下有三个常用的对象，三个对象中有三个大类。

MIMEText 对象用于构造一个文本邮件对象。

MIMEImage 对象用于构造一个作为附件的图片对象。

MIMEMultipart 对象用于把多个对象组合起来，它代表的是整个邮件。

知识拓展 02

例题 2：下列哪一个不是 email 模块中 MIMEText 对象的参数？ ________

A. 正文内容

B. 正文标题

C. 正文内容类型

D. 正文内容的编码

答案：B

解析：

MIMEText 对象中有三个需要我们设置的参数：正文内容、正文内容的类型（例如：

text/plain 和 text/html）和正文内容的编码。

拓展：

在知识拓展 01 中提到了三个大类，MIMEImage 对象中只需要把读取的图像文件传入就可以了。

MIMEMultipart 对象创建的类型有如下三种。

类型为 multipart/alternative 的邮件，正文中包括纯文本正文（text/plain）和超文本正文（text/html）两种类型的信息。

类型为 multipart/related 的邮件，正文包括图片、声音等内嵌在邮件中的多媒体资源。

类型为 multipart/mixed 的邮件，正文中包含附件、图片、文本等综合类型的信息，所以大多情况都是使用这种类型，各种类型的媒体资源都可以发送。

知识拓展 03

例题 3：假设现在是上午 9:00，小 K 需要在下午 15:00 给小明发一封 QQ 邮件，但是小 K 在 15:00 有一个讲座，不能操作计算机来手动发送邮件，编写一段 Python 程序让计算机在 15:00 自动发邮件。

答案：

```
fromemail.mime.text import MIMEText
import smtplib
import time


msg= MIMEText('An email for ming~', 'plain', 'utf-8')
# 给定发送者邮箱
from_addr = 'your_qq@ qq.com'
# 给定发送者密码,如果使用 QQ 邮箱,需要获取授权码
# 按照这个地址的提示,获得授权码:http://service.mail.qq.com/cgi-bin/help?# subtype
#=1&&id=28&&no=1001256 \r \n
# 将授权码填写到 your_password 当中
password= 'your_ password'
# 给定 SMTP(Simple Mail Transfer Protocal)服务器地址
smtp_server= 'smtp.qq.com'
# 给定收件人邮箱地址
to_addr = 'to_qq@qq.com'


# SMTP 协议默认端口是 25,默认安全端口是 465
```

```
server= smtplib.SMTP_SSL(smtp_server, 465)
server.set_debuglevel(1)

# 写一个死循环,判断时间为 15:00:00 时发送邮件并退出循环
while True:
    if time.strftime("% H:% M:% S", time.localtime(time.time())) == '15:00':
        server.login(from_addr, password)
        server.sendmail(from_addr, [to_addr], msg.as_string())
        break
server.quit()
```

解析：

为完成该编程题，首先要了解需要使用哪些模块发送邮件。

使用 email 模块来构造邮件。

用 smtplib 模块来发送邮件。

根据题目要求，还需要 time 模块来完成时间的设定。

所以我们先导入这三个模块。

导入模块之后，使用 email 模块中的 MIMEText 对象，先定义需要发送的文件内容，传入三个参数：文本内容、文本内容类型、文本内容编码。

接下来就是定义邮箱的账号、密码、对应的 SMTP 服务器地址以及接收者的邮箱账号。

由于小 K 在 15:00 的时刻不能操作计算机，所以这里需要把所需内容都定义好，设置定时发送。

根据我们之前学过的知识，可以用一个死循环的形式让程序一直处于执行的状态，然后使用 time 模块不断地获取当前的时间，如果当前时间等于 15:00:00，代码就会自动发送邮件。

当邮件发送结束后，释放掉占用的资源，通过 break 语句退出循环并使用 server. quit( ) 关闭服务器连接。

执行成功后会有类似于下面的输出信息。

```
(221, b'Bye.')
```

拓展：

需要执行定时任务的时候，while True + time 模块 + break 是一个不错的方式，我们可以把这个模式当作一个模板记录下来，下次再进行定时任务的程序编写的时候就不会没有头绪了。

知识练习

练习 1：以下对象中，可以将输入内容格式化的有________。

A. parseaddr

B. formataddr

C. Header

D. encoders

练习 2：下列不属于 sendmail( )方法的参数有________。

A. from_addr

B. [to_addr]

C. msg. as_string( )

D. smtp_server

练习 3：下列哪个函数可以打印出和 SMTP 服务器交互的所有信息？________

A. set_debuglevel( )

B. set_print( )

C. print( )

D. set_debug( )

练习 4：小 K 想要举办一个抽奖活动，抽出 1 个一等奖，共有 5 个人参与（工号为 1~5）。编写一段 Python 程序，根据工号进行随机抽奖，并且在抽奖成功后发送邮件。发件人为：小 K 之家 your_email@xyz. com；标题为：中奖信息；内容为：恭喜你获得一等奖，请速来领奖。

练习 5：小 K 有一张重要的图片需要通过邮件发送，请编写一段 Python 程序，实现该功能（简易版即可）。

答案解析

练习 1 答案：A、B

parseaddr 模块与 formataddr 模块用于将输入的内容格式化，encoders 模块负责编码，Header 模块负责处理邮件头。

练习 2 答案：D

from_addr 是发件人的邮箱地址。

[to_addr]是收件人的邮箱地址，是列表形式。因为邮件可能一次发给多个人，使用列表数据类型，邮件发送给多个人时需要写多个邮箱，中间使用逗号隔开。

msg.as_string()把邮件内容 MIMEText 对象转换为字符串。

smtp_server 是 smtplib.SMTP 的参数，用于指定邮件服务器的地址。

练习 3 答案：A

set_debuglevel()函数用于设置打印和 SMTP 服务器交互的所有信息。

练习 4 答案：

```
from email.mime.text import MIMEText
from email.header import Header
from email.utils import parseaddr, formataddr
import smtplib
import random

def _format_addr(s):
    name,addr = parseaddr(s)
    return formataddr((Header(name, 'utf-8').encode(), addr))

email_dict = {
    1:'worker1@xxx.com',
    2:'worker2@xxx.com',
    3:'worker3@xxx.com',
    4:'worker4@xxx.com',
    5:'worker5@xxx.com'
}
# 设置随机整数 1~5
win_number= random.randint(1, 5)
# 从字典中获取获奖工号对应的邮箱
win_email= email_dict.get(win_number)
from_addr = 'your_email'
password= 'your_password'
# 输入 SMTP 服务器地址
smtp_server= 'your_email_server'
# 输入收件人邮箱地址
to_addr = win_email

msg= MIMEText('恭喜你获得一等奖,请速来领奖。', 'plain', 'utf-8')
```

```
msg['Subject'] = Header(u'中奖信息', 'utf-8').encode()
msg['From'] = _format_addr('小K之家 <%s>' % from_addr)
server= smtplib.SMTP(smtp_server, 25)  # SMTP 协议默认端口是 25
server.set_debuglevel(1)
server.login(from_addr, password)
server.sendmail(from_addr, [to_addr], msg.as_string())

server.quit()
```

解析：

本题在发送邮件的基础上增加了随机数的操作，首先定义一个字典，在字典中存入每个工号对应的邮箱，然后使用随机数 random 模块中的 randint 函数随机产生一个 1~5 之间的整数，再使用 dict 模块中的 get 方法获取中奖者的邮箱地址，最后给中奖者发送邮件。

注意：

邮件信息的填写需要用到 email 中的 Header、parseaddr、formataddr 三个模块。

练习 5 答案：

```
# 用于构造带图片的邮件
from email.mime.multipart import MIMEMultipart
# 用于封装附件
from email.mime.application import MIMEApplication
import smtplib

# 给定发送者邮箱
from_addr = 'your_email@ xxx.com'
# 给定发送者密码
password= 'your_password'
# 给定 SMTP 服务器地址
smtp_server= 'your_server'
# 给定收件人邮箱地址
to_addr = 'send_email@ xxx.com'

msg= MIMEMultipart()
part= MIMEApplication(open('your_path.png', 'rb').read())
msg.attach(part)

server= smtplib.SMTP(smtp_server, 25)  # SMTP 协议默认端口是 25
```

```
#server.set_debuglevel(1)
server.login(from_addr, password)
server.sendmail(from_addr, [to_addr], msg.as_string())
server.quit()
```

解析：

本题主要在于让读者了解 email 中其他模块的用法，MIMEMultipart( )可以让邮件的正文中包括图片等多媒体文件。

MIMEApplication( )可以用于封装附件。

如果遇到接收到的文件后缀名为 .bin，而不能打开的情况，将后缀名改为图片的后缀名即可，如：.png、.jpg 等。

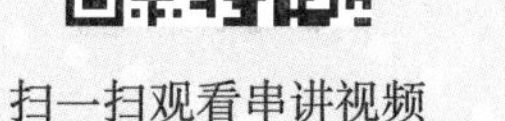

扫一扫观看串讲视频　　扫码做练习

第 19 课

用 Python 好好数个数

项目实战 01：英文文本词频统计

项目简介

本项目要实现一个很实用的功能：英文文本词频统计。下面我们一起来实现这个功能。

项目实施

第一步：先观察一下英文文本的格式。

```
txt = '''Hooray! It's snowing! It's time to make a snowman.
James runs out. He makes a big pile of snow. He puts a big
snowball on top. He adds a scarf and a hat. He adds an orange
for the nose. He adds coal for the eyes and buttons. In the evening,
James opens the door. What does he see? The snowman is moving!
James invites him in. The snowman has never been inside a house.
He says hello to the cat. He plays with paper towels. A moment
later, the snowman takes James's hand and goes out. They go up, up, up
into the air! They are flying! What a wonderful night! The next morning,
James jumps out of the bed. He runs to the door. He wants to thank the snowman.
But he's gone.'''
```

观察上面的文字，一篇英文文本中每一个单词都是用空格进行分隔的，每一个句子都是根据标点符号去分隔的。

标点符号对于词频统计分析没有实际的意义。为了方便分隔，我们把所有的标点符号替换成空格，代码如下。

```
for ch in '~`!#$%^&*()_+-=|\';":/.,?><~·!@#¥%……&*()——+-
=":';、.,?»«{}':
    #用空格代替各种特殊字符
    txt = txt.replace(ch, " ")
```

通过代码可以看到，把所有的标点符号写成一个字符串，根据字符串的特性我们能遍历、去寻找文章中的标点。当发现标点的时候，就用字符串对象的 replace( ) 函数把标点替换成空格。

把原始文本数据中标点符号都“清洗”掉之后，为了消除字母的大小写带来的影响，我们把字母统一转换为小写。Python 中的字符串对象提供了 lower( ) 函数来实现这个功能，对应的 Python 语句如下。

```
txt = txt.lower()
```

最终处理好的文本如下。

```
hooray it s snowing it s time to make a snowman
james runs out he makes a big pile of snow he puts a big
snowball on top he adds a scarf and a hat he adds an orange
for the nose he adds coal for the eyes and buttons in the evening
james opens the door what does he see the snowman is moving
james invites him in the snowman has never been inside a house
he says hello to the cat he plays with paper towels a moment
later the snowman takes james s hand and goes out they go up up up
into the air they are flying what a wonderful night the next morning
james jumps out of the bed he runs to the door he wants to thank the snowman
but he s gone
```

第二步：处理好文本之后，我们把所有的句子拆分成单词。

根据处理结果不难想到，直接以空格为标志对文本进行拆分即可。此时就要用到 split( ) 函数了，对应的 Python 语句如下。

```
#根据空格分隔每一个单词,存成一个列表
words_list = txt.split()
```

分隔单词后的列表数据如下。

```
['hooray', 'it', 's', 'snowing', 'it', 's', 'time', 'to', 'make', 'a', 'snowman', 'james', 'runs',
'out', 'he', 'makes', 'a', 'big', 'pile', 'of', 'snow', 'he', 'puts', 'a', 'big', 'snowball', 'on',
'top', 'he', 'adds', 'a', 'scarf', 'and', 'a', 'hat', 'he', 'adds', 'an', 'orange', 'for', 'the',
'noe', 'he', 'adds', 'coal', 'for', 'the', 'eyes', 'and', 'buttons', 'in', 'the', 'evening',
'james', 'opens', 'the', 'door', 'what', 'does', 'he', 'see', 'the', 'snowman', 'is', 'moving',
'james', 'invites', 'him', 'in', 'the', 'snowman', 'has', 'neever', 'been', 'inside', 'a',
'house', 'he', 'says', 'hello', 'to', 'the', 'cat', 'he', 'plays', 'with', 'paper', 'towels', 'a',
```

```
'moment', 'later', 'the', 'snowman', 'takes', 'james', 's', 'hand', 'and', 'goes', 'out', 'they',
'go', 'up', 'up', 'up', 'into', 'the', 'air', 'they', 'are', 'flying', 'what', 'a', 'wonderful',
'night', 'the', 'next', 'morning', 'james', 'jumps', 'out', 'of', 'the', 'bed', 'he', 'runs',
'to', 'the', 'door', 'he', 'wants', 'to', 'thank', 'the', 'snowman', 'but', 'he', 's', 'gone']
```

第三步：得到了文本中所有的单词后，下面开始进行词频统计。

词频统计不仅需要记录单词，还需要记录单词出现的次数，所以我们需要创建一个字典来进行存储。

存储词频数据的时候，遍历刚才得到的单词列表数据。

如果某个单词不在字典里，就将该单词作为字典的一个新键加入到字典当中，同时将新键的值赋为 1。

如果该单词已经在字典里了，就将其所对应的值加 1，代码的实现方法如下。

```
counts = {}
# 对比列表和字典的键,如果键不存在字典中,设置默认值为 1
for word in words_list:
    counts[word] = counts.get(word, 0) + 1
```

第四步：得到了词频统计的字典数据后，用一个清晰的格式输出。

首先对字典数据进行排序，使用 sort( ) 函数对数据进行排序。

然后我们输出前 15 个单词的名称和出现次数，代码的实现方法如下。

```
items = list(counts.items())
# 对 items 列表中元组数据的第二个值(单词出现次数),从大到小排序,
# sort 方法:参数 lambda 用来指定列表中
# 使用元组的哪一个数据作为排序依据,
# 默认的排序是从小到大,当 reverse 设为 True 时,则排序变为从大到小
items.sort(key = lambda x: x[1], reverse = True)
# 输出出现次数最多的 15 个单词
for i in range(15):
    word, count = items[i]
    # 单词左对齐,词频值右对齐,中间位置用空格填充,并格式化输出
    print("{0:<10}{1:>5}".format(word, count))
```

整体的代码如下。

```
txt = '''Hooray! It's snowing! It's time to make a snowman.
James runs out. He makes a big pile of snow. He puts a big
snowball on top. He adds a scarf and a hat. He adds an orange
```

```
for thenoe. He adds coal for the eyes and buttons. In the evening,
James opens the door. What does he see? The snowman is moving!
James invites him in. The snowman hasneever been inside a house.
He says hello to the cat. He plays with paper towels. A moment
later, the snowman takes James's hand and goes out. They go up, up, up
into the air! They are flying! What a wonderful night! The next morning,
James jumps out of the bed. He runs to the door. He wants to thank the snowman.
But he's gone.'''

for ch in '~`!#$%^&*()_+-=|\';":/.,?><~·!@#¥%……&*()——+-
=":';、.,?»«{}':
    #用空格代替各种特殊字符
    txt= txt.replace(ch, " ")
txt= txt.lower()

#根据空格分隔每一个单词,存成一个列表
words_list= txt.split()

counts= {}
#对比列表和字典的键,如果键不在字典中,设置默认值为 1
for word in words_list:
    counts[word]= counts.get(word, 0) + 1
items= list(counts.items())
#对 items 列表中元组数据的第二个值(单词出现次数),从大到小排序,
#sort 方法:参数 lambda 用来指定列表中
#使用元组的哪一个数据作为排序依据
#默认的排序是从小到大,当 reverse 设为 True 时,则排序变为从大到小
items.sort(key=lambda x: x[1], reverse=True)
for i in range(15):  #输出出现次数最多的 15 个单词
    word, count= items[i]
    #单词左对齐,词频值右对齐,中间位置用空格填充,并格式化输出
    print("{0:<10}{1:>5}".format(word, count))
```

输出结果如下。

```
the          13
he           11
a             8
snowman       5
james         5
```

```
s       4
to      4
out     3
adds    3
and     3
up      3
it      2
runs    2
big     2
of      2
```

项目实战 02：中文文本词频统计

项目简介

在上一项目中我们实现了对英文文本的词频统计，但是若要换成中文，每一句话的词语都是连在一起的，如果还用英文文本词频统计的方法就不好实现该功能了。那么本项目就用另一种方式来实现中文文本的词频统计。

项目实施

第一步：首先学习一个 Python 中的中文分词模块 jieba。

jieba 模块提供了以下三种常用的分词模式。

精确分词模式：将句子按照最精确的方法进行切分，适合用于文本分析。

全分词模式：将句子当中所有的词语都扫描出来，分词速度很快但容易产生歧义。

搜索引擎分词模式：在精确分词模式的基础上，将长的句子再次进行切分，提高召回率，适用于搜索引擎的分词。

注意：

jieba 也支持对繁体字进行分词。

第二步：用实际应用学习三种分词方式的含义。

```
import jieba
ex = '南京市长江大桥'
```

```
#全分词模式
all_cut = jieba.cut(ex, cut_all = True)
#精确分词模式
precise_cut = jieba.cut(ex, cut_all = False)
#当我们省略掉 cut_all 参数时，
#cut_all 默认值为 False,此时分词模式为精确分词模式
default_precise_cut = jieba.cut(ex)
#搜索引擎分词模式
search_cut = jieba.cut_for_search(ex)

print("全分词模式：", "/".join(all_cut))
print("精确分词模式：", "/".join(precise_cut))
print("默认精确分词模式：", "/".join(default_precise_cut))
print("搜索引擎分词模式：", "/".join(search_cut))
```

需要注意的是，jieba 分词后的结果不能够直接展示，需要使用字符串拼接的方式进行拼接后再打印出来。

最终的输出结果如下。

```
全分词模式:南京/南京市/京市/市长/长江/长江大桥/大桥
精确分词模式:南京市/长江大桥
默认精确分词模式:南京市/长江大桥
搜索引擎分词模式:南京/京市/南京市/长江/大桥/长江大桥
```

第三步：学习了 jieba 模块的使用方法后，开始中文分词。

先观察一下需要分词的文本，如下所示。

```
txt = '''好棒哦！下雪了！是时候堆个雪人了。詹姆斯跑了出去。他弄了一大堆雪。
他把一个大雪球放到了最上面来充当头部。他给雪人加了一条围巾和一顶帽子，
又给雪人添了一个桔子当鼻子。他又加了煤炭来充当眼睛和纽扣。傍晚,詹姆斯打开了门。
他看见了什么？雪人在移动！詹姆斯邀请它进来。雪人从来没有去过房间里面。
它对猫咪打了个招呼。猫咪玩着纸巾。不久之后,雪人牵着詹姆斯的手出去了。
他们一直向上升,一直升到空中！他们在飞翔！多么美妙的夜晚！第二天早上，
詹姆斯从床上蹦了起来。他向门口跑去。他想感谢雪人,但是它已经消失了。'''
```

本质上，我们实现中文分词的代码思路和英文分词都是一样的，不同的是 jieba 模块直接进行分词后的结果不能很好地去除标点符号。考虑到中文的词语通常都是两个字以上的，所以我们直接把词语长度为 1 的词过滤掉即可，这样就很好地去除了标点符号，以及“的”“了”“是”这些词语。

过滤掉长度为 1 的词语的代码思路如下。

```
for word in txt:
if len(word) == 1:
    continue
else:
    counts[word]= counts.get(word, 0)+ 1
```

其他的原理和英文词频统计的原理相同。
整体的代码如下。

```
import jieba

txt = '''好棒哦! 下雪了! 是时候堆个雪人了。詹姆斯跑了出去。他弄了一大堆雪。
他把一个大雪球放到了最上面来充当头部。他给雪人加了一条围巾和一顶帽子,
又给雪人添了一个桔子当鼻子。他又加了煤炭来充当眼睛和纽扣。傍晚,詹姆斯打开了门。
他看见了什么? 雪人在移动! 詹姆斯邀请它进来。雪人从来没有去过房间里面。
它对猫咪打了个招呼。猫咪玩着纸巾。不久之后,雪人牵着詹姆斯的手出去了。
他们一直向上升,一直升到空中! 他们在飞翔! 多么美妙的夜晚! 第二天早上,
詹姆斯从床上蹦了起来。他向门口跑去。他想感谢雪人,但是它已经消失了。'''

words= jieba.cut(txt)
counts= {}
for word in words:
    if len(word) == 1:
        continue
    else:
        counts[word]= counts.get(word, 0) + 1

items= list(counts.items())

# 进行词频排序
items.sort(key=lambda x: x[1], reverse=True)
for i in range(15):
    word, count= items[i]
    print("{0:<5}\t{1:>5}".format(word, count))
```

输出结果如下。

```
雪人        7
詹姆斯      5
出去        2
```

```
一个        2
充当        2
猫咪        2
他们        2
一直        2
下雪        1
时候        1
堆个        1
一大堆      1
雪球        1
放到        1
上面        1
```